| 中华木作国家经典出版工程 |
| 中国家居消费指南系列丛书 |

中国地暖实木地板消费指南

主　编：刘彬彬　方崇荣

副主编：周子清　肖亦鸿

　　　　唐召群　姚金国

中国林业出版社
China Forestry Publishing House

图书在版编目（ＣＩＰ）数据

中国地暖实木地板消费指南 / 刘彬彬 , 方崇荣主编 .
-- 北京 : 中国林业出版社 , 2018.9

ISBN 978-7-5038-9717-7

Ⅰ . ①中… Ⅱ . ①刘… ②方… Ⅲ . ①辐射采暖 – 实
木地板 – 中国 – 指南 Ⅳ . ① TU531.1-62

中国版本图书馆 CIP 数据核字 (2018) 第 193836 号

策划编辑：樊　菲
责任编辑：陈　惠
_____

出版：中国林业出版社
　　　（100009 北京西城区德内大街刘海胡同 7 号）
http://lycb.forestry.gov.cn
电话：（010）8314 3518
发行：中国林业出版社
印刷：北京利丰雅高长城印刷有限公司
版次：2018 年 10 月第 1 版
印次：2018 年 10 月第 1 次
开本：1/16
印张：14.5
字数：300 千字
定价：88.00 元

《中国地暖实木地板消费指南》
编写指导委员会

顾　　问：王　满　石　峰　刘能文

指　　导：纪　亮　宋为民　赵广杰　王　军　罗　炘

主　　审：吴盛富　吕　斌　刘　浩　马灵飞　骆嘉言

主　　编：刘彬彬　方崇荣

副主编：周子清　肖亦鸿　唐召群　姚金国

编　　委：刘家源　黄河浪　陶伟根　余苗水　何　超　金　涛　黄　军
　　　　　孙晓薇　张忠涛　付跃进　张仲凤　黄安民　韩志斌　徐漫平
　　　　　徐伟涛　李文忠　翁甫金　顾怡蓉　樊　菲　陈　惠　陈　龙

主编单位：浙江菱格木业有限公司

参编单位：中国林业科学研究院木材工业研究所
　　　　　国家林业局林产品质量检验检测中心（杭州）/浙江省林产品质量检测站
　　　　　国家家具及环境室内监督监测中心
　　　　　国家林业局华东木材及木制品质量监督检验中心
　　　　　国家林业局人造板及其制品质量检验检测中心（南京）
　　　　　国家林业局林产品质量检验检测中心（长春）
　　　　　国家林业局林产品质量检验检测中心（郑州）
　　　　　上海市质量监督检验技术研究院
　　　　　国家林业局林产品质量检验检测中心（长沙）
　　　　　南京林业大学
　　　　　浙江农林大学
　　　　　中南林业科技大学
　　　　　浙江省林业科学研究院
　　　　　浙江省林业产业联合会
　　　　　浙江省地板协会
　　　　　上海市建筑材料行业协会地板专业委员会

支持单位：中国林业产业联合会
　　　　　中国林产工业协会
　　　　　中国木材与木制品流通协会
　　　　　中国建筑金属结构协会
　　　　　中国建筑金属结构协会舒适家居分会
　　　　　浙江省消费者权益保护委员会

序 一

王满 中国林业产业联合会 秘书长

中国林产工业协会 执行会长

2011 年 3 月 22 日，在上海新国际会展中心，我参加了天格的全球鉴证会。那时候，地暖实木地板技术业已经成熟；面对地暖实木地板这一品类远大的未来，天格也踌躇满志。但参加当天鉴证会的来宾，除了具有技术前瞻眼光的行业专家、有着敏锐商业嗅觉的国际代理商之外，国内地板行业却应者寥寥——很少有其他中国企业看好这一全新的品类。

市场是产品品质最好的试金石，用户是技术体验最好的鉴定官，时间是品类前景最好的检验台。

7 年之后的同一天，在相同的地方，我再次参加了天格的活动，共同发布旨在宣贯、采用《地采暖用实木地板技术要求》（ GB/T 35913—2018 ）国家标准的《上海宣言》。时移世易，此时的中国地板行业，但凡知名的品牌，都推出了地暖实木地板产品。这一早就为我们所看好的趋势品类，在经受了市场和用户的磨砺后充分展现了技术魅力，为行业、为世界全面接受。一个新的时代到来了。

2018 年 9 月，《中国地暖实木地板消费指南》在天格、浙江省地板协会的努力下，编撰成书，邀我作序。此时此刻，心中大是欣慰。从行业诞生，到产销世界第一，再到技术创新引领消费升级趋势，时至今天，中国的地板企业变得越发成熟，越发富有底蕴，终于让我看到了作为林业人、地板人一直期望我们企业该有的技术自信和文化自信。

《左传》有云：立德、立功、立言。埋首研发，创造地暖实木地板品类，为消费者提供健康环保、耐用舒适，并且能够循环使用的好产品，当为立德；一力推动，荣辱不惊，让地暖实木地板品类技术日臻完善，为行业指明升级转型的方向，是为立功；倾囊而出，将技术、经验和研究成果辑集成书，给予行业同仁以借鉴，为用户选购合适的产品提供消费知识，堪称立言。立德、立功、立言，天格企业的境界由此可见一斑。

在此，我要衷心祝贺天格和浙江省地板协会，以及所有参与《中国地暖实木地板消费指南》编撰工作的专家和工作者，感谢他们的辛勤付出。为用户著书，善莫大焉，必将广为流传。

此序。

书于北京

序二

刘浩 中国建筑金属结构协会舒适家居分会 秘书长

中国建筑金属结构协会辐射供暖供冷委员会 主任

要改变一个行业的认知是非常困难的事情。

中国人爱木，是一种家居本能。所以我一直期待中国消费者能够在地暖上使用实木地板，这种源自天然的健康舒适感受，是任何人造材料或者石材都不可能替代的。但基于专业知识，我对此却一度抱有审慎的态度。因为地暖的温度，对于有湿胀干缩特性的木材来说，是一个非常大的挑战，在我的认知中，普通实木地板完全不具备适用性。所以至少在五年之前，我从未在任何公开场合推荐过任何地暖用的实木地板，而且当时大多数的暖通业者、舒适家居业者也都和我一样具有相似的看法。

我们认为，除非完全革新原有技术，专门针对地暖环境的特点，开发出全新的产品，才有可能实现用户想要同时使用地暖和实木地板的梦想。身为一个技术工作者，我知道这很艰难，而且过程漫长，因为它所要打破的并不只是技术的障碍，还有整个行业根深蒂固的认知障碍。

但事实上，障碍的消除远比我想象的要迅速得多，因为一种颠覆性的实木地板技术开始普及。2013 年，我们的会员越来越频繁地提到一个品牌和他们的产品，并与之合作，那就是天格的地暖实木地板。当我看到实物时，我的认知也开始改变了——它的技术原理无懈可击、技术方案系统完善。我立刻断定：这就是为地暖而生的实木地板，也是未来高端实木地板该有的技术。

要建立一种全新的消费理念同样非常困难。

2013 年后，我和协会都开始密切关注天格，并多次实地考察。在天格的工厂里，我们看到了可以媲美欧美日韩企业的管理水准和研发能力，天格坚持纯正实木的情怀，对品质的执着匠心，让我们感动之余更充满了信心。但一种新产品是否真正可靠，最有发言权的不是专家，而是用户。所以此后，我们组织工作人员以及与天格合作的会员，大量收集地暖实木地板在用户家中的使用反馈。结果非常令人欣喜：这一第三代实木地板不仅能够完美适用于地暖环境，它的综合表现更达到了地面舒适家居系统重要组成部分的要求。因此"地暖＋地暖实木地板"作为一种全新的消费理念，开始成为美好生活的象征，普遍进入到用户的装修清单。

对新生事物"小心求证"是科学的态度；对已经被证实的先进成果"大胆推广"，则是行业协会组织引领消费的责任。所以经过长达四年，慎重、科学、广泛地评审，2017 年 3 月，中国建筑金属结构协会辐射供暖供冷委员会正式向地暖行业和用户推荐使用天格所发明的地暖实木地板，同时，舒适家居分会也第一次出现了来自地板行业的副会长企业。

在此之后，地暖行业与地暖实木地板行业加速了交融互信、充分互动的进程，使得彼此间的联系日趋紧密。仅以学术成果为例：在 2017 年《地面辐射供暖工程》出版时，首次有了地暖实木地板的章节；如今《中国地暖实木地板消费指南》即将付梓，同样也有我们参与支持的地暖和舒适家居的内容。这种合作，是真正以"为用户打造地面舒适家居"为目标的跨界联合，因此不仅是两个行业之幸，更是用户利益至上所促成的结果，必定长久牢固，日益融洽。

以此为序，并致祝贺。

刘浩 书于北京

序三

刘彬彬　天格地暖实木地板　董事长、首席技术官

今年是中国改革开放四十周年，也是天格公司初创二十五周年。天格是拥抱这个伟大时代成长起来的。

天格既是时代进步的受惠者、见证者，也是推动者。我们一直有一个梦想，要打造全球高品质木地板品牌和制造基地，努力推动人类居住品质不断提高。

回首走过的二十五年征程，朋友们可能看到的是光环和成绩。如从技术角度彻底解决地板行业公认的"实木地板不能用于地暖环境"的世界难题，让越来越多的用户体验到了地暖实木地板的安全、健康和舒适。地暖实木地板这一世界全新的品类，获得了第十九届发明类"中国专利优秀奖"殊荣等。

可天格人深知，过去的二十五年筚路蓝缕，很不容易。工匠们千辛万苦发明了这个全新的品类；代理商们千家万户去推广开拓；导购们千言万语解析和分享；区域经理们千山万水邀约有识之士加盟这个全新的事业。天格人的点滴汇聚，成就我们不断前行的强大动力。

在第二个"二十五年"征程即将开启的时刻，天格将着手系统解决在推广地暖实木地板方面存在的一些突出问题，如：消费者对地暖实木地板的购买、使用、保养等诸多方面还存在认知误区等。所以，我们有了要编写《中国地暖实木地板消费指南》（以下简称《指南》）的构想。我们希望通过此书的出版，向消费者普及地暖实木地板选材、制造、安装及使用保养等方面的常识，为消费者在选购时提供科学、实用的参考依据。

在今后的日子里，天格将永不停步，与行业一起携手，努力为用户打造美

好家园，成就企业百年经典，让更多乃至全球用户更好地共享中国智造成果。

限于学力，此次编写的《指南》不免有疏漏之处。恳请行业领导、专家以及同仁不吝指正，以期再版之时更为周全。

最后，感恩纪亮社长将《指南》放心交付天格编撰的信任，感谢王满会长、刘能文会长、石峰秘书长及宋为民会长等领导的鼎力支持！特别感谢方崇荣专家的精心指导和无私帮助！天格有此良师益友，行业有此卓越领导，幸甚！

以上文字，作不得序言，权当天格向行业和用户表态的衷心之话。

书于南浔

目　录

前 言

地暖实木地板：第三代实木地板的诞生

在人类建筑史上，西方是属于大理石、花岗岩的石文化；而以中国为代表的东方，则是属于榫卯的木土文化。两者泾渭分明，各有所长。然而，由于近代中国科学技术全面落后于西方，导致了 20 世纪，在包括木制产品在内的众多工业门类中，其主流品类的发明权、核心技术都掌握在欧美国家的企业手中。以木地板产业为例，占据销量近 80% 的强化木地板品类与实木复合地板品类均为国外企业所发明，中国作为世界木地板产销量最大的国家，21 世纪前，在国际行业层面几乎没有任何重量级的创新与发明，处于体量大、技术含量低的状态。

如今，经过十余年的发展和技术追赶，中国地板行业除形成了以浙江南浔、广东中山、江苏常州等板块为补充的世界级产业集群之外，最为重要的成就在于：在品类创新与技术积累方面取得了众多突破，已逐渐掌握国际话语权。其中，地采暖用实木地板（商品名：地暖实木地板）[①]作为中国原创的第三代实木地板，更是引领了世界地板产业未来的发展方向，成为当今地板界最具综合优势、最令用户喜爱、发展速度最快的产品。由此，中国地板开始跨入产业头部阵营，实现了局部的技术超越。

以中国地板之都南浔为例，从 20 世纪 90 年代从传统实木地板起步，经过 20 多年的发展，目前在南浔共有近 500 家地板生产企业，其中约 100 家拥有自己的品牌，并在全国发展终端销售网点；有 200 家左右企业专业从事为全国地板品牌进行 OEM 代加工业务；另有近 200 家企业，为各大地板企业进行原辅材料配套或半成品加工。这一木地板产业集群，拥有全国乃至全球最大的地板研发与生产能力，尤其在实木地板方面，年产销量超过全国的一半。近年来，随着消费升级外需和产业升级内需的影响，南浔地板产业经历了三次明显的跨越转型。

[①]相关品类定义、分类与介绍，详见第三章。

2000 年前后，南浔主流地板品牌企业开始集体向实木地板、强化木地板、实木复合地板全品类发展，逐渐形成完备的全产业规模，进而通过几年的努力，南浔完成了由"中国实木地板之都"向"中国木地板之都"的升级。

2008 年前后，部分南浔地板企业开始介入木门、木楼梯、木护墙等整木概念产品，进行跨界经营，呈现多元化发展趋势。此后南浔于 2017 年开始提出"木都小镇"的概念。

2010 年后，以被行业誉为"地暖实木地板之父"的天格为代表的南浔地暖实木地板企业，因产品本身功能优势明显，符合用户消费升级的需求，以及中国地暖市场快速普及的影响，开始风靡国内外，其专业化模式成为与多元化并驾齐驱的南浔地板第三大转型升级的方向。

截至目前，在中国地板行业，80% 品牌均参与到了地暖实木地板的研发、生产与销售服务中来。2017 年，地暖实木地板销量达到 500 万平方米，年增幅超过 30%，成为最受用户青睐、最具发展潜力的高端地板品类。同时，鉴于强大的产品和产业影响力，中国地暖实木地板品牌阵营开始展现国际潮流的领导作用，逐渐带动国外品牌进入到这一领域，使其呈现全球性的趋势。而在这一品类的诞生地——南浔，现在几乎所有的品牌企业均已经推出了自己的地暖实木地板产品，并有众多 OEM 企业提供代加工业务。相关数据显示，2017 年南浔企业地暖实木地板的销售数量约 390 万平方米，占全国销量接近 80%。

随着 2018 年 9 月 1 日《地采暖用实木地板技术要求》(GB/T 35913—2018) 国家标准的正式实施，标志着中国率先进入到了地暖实木地板标准化的时代，行业秩序和用户权益将得到有效规范与保障。因此，身处集中了最大的研发生产能力、最完善的技术解决方案、最可靠的安装服务规范的市场环境，让中国用户能够得以比世界其他消费者更超前、更便利、更优质地享受这一美好生活的标志性产品。然而作为高价值、耐用型，且其最终使用体验非常依赖于安装服务品质的家装产品，消费者在选购地暖实木地板时，势必会遇到较多的专业名词、技术指标以及日常生活中很少涉及的知识盲区。为此，浙江菱格木业有限公司联合浙江省地板协会合作编撰了此消费指南，以帮助用户清晰了解当前地暖实木地板产品在技术、服务、工业设计以及消费者权益保护方面的最新成果，进而选购到适合自身需求的产品。

第一章 中国实木地板发展概况

第一节 古代及近代实木地板发展简史

人类从结庐而居开始，拥有温暖、舒适的家居环境就一直是我们的梦想。其中，在地面铺设由原木制造而成的地板，成为这一梦想最早且最为执着的尝试。

一、新石器时期

发现于 1973 年的河姆渡遗址（位于浙江省宁波余姚市河姆渡镇），出土了 1000 多件干栏（欄）式建筑构件，其中在最大的一幢建筑中，其基础木桩上架设有纵横交错的地梁，在地梁上敷设有带企口的木地板。同时考古工作者们也发现，河姆渡时期的建筑已经采用榫卯结构作为连接技术，平身柱卯眼（中柱上的卯眼）、转角柱卯眼（檐柱的卯眼）与梁配合使用，使中柱和檐柱、中柱与中柱、檐柱与檐柱得到紧密接合，从而构成十分稳定的屋架，使地板的铺设得到可靠保证。河姆渡遗址出土的地板长约 100 厘米，板厚 6 厘米，因此地梁之上还需要铺设一道地栿（位于地面上，为石栏的第一层）才能搁置地板。如果用绑扎方式来固定地梁与屋柱的节点，

图 1-1 经复原的河姆渡遗址干栏式建筑

那么用不了多久，楼板将会坍塌下来，而榫卯发明以后，特别是带销钉的孔榫应用以后，才加强了梁柱的连接，使凌空的干栏式建筑能够稳稳地立住。

除了河姆渡遗址之外，在同为新石器时代的马家浜文化（遗址中心位于浙江省嘉兴市乍浦镇马家浜遗址）和良渚文化（遗址中心位于浙江省杭州市西北部瓶窑镇）的许多遗址中，考古工作者也都发现了埋在地下的木桩以及底架上的横梁和木板。这些考古发现都证明了，实木地板约在 7000 年前就已开始为人类所使用，是目前传承最为悠久的地材种类之一。

二、商周时期

在人类家居产品的发展史上，工具的发明与进化往往会对产品的外观、加工精度以及由此而来的使用体验起到决定性的作用。

中国的先秦时期，横跨了新石器时代、红铜（自然铜）时代、青铜器时代（包含铜石混用）以及铁器时代。木工工具的发展，为尚处于产品发展"幼年时期"的实木地板产品不断提供着完善的可能性，特别是木材裂解、平整、拼装的精度得到了持续的提升。

在新石器时代，人们主要使用石楔、石斧、石锛、石凿、石刀等工具来裂解、加工木材，相当费时费力。所以我们可以看到，以河姆渡遗址为代表的新石器文化时期的木地板形制粗糙、尺寸芜杂，尤其是受制于平木工具的缺乏，导致与使用体验直接相关的木地板平整度非常差，处于非常原始的产品状态。新石器时代末期，少量的青铜器开始出现，主要是生产工具。青铜工具加工精确、合用、锋利、硬度大，最终代替石器成为生产力水平的代表。但是当时的青铜器制造工艺落后，成本高，

图 1-2　陕西商代考古遗址
F3 木地板区

4

使用范围的局限性大，所以未能对木地板的加工带来根本性的改善。

商代前期，铸铜等手工业不仅已从农业中分化出来成为独立的生产部门，而且在各行手工业内部也有了一定的分工，所以在这一时期，青铜冶炼的水平逐步提高。到商代晚期，青铜器的含锡量大幅度增加，而铅则有所减少，不仅在宏观上奠定了青铜文化的发展基础，也对实木地板的加工品质起到了较大的促进作用。

2014年2月10日，陕西省考古研究院公布了最新的考古发现，位于清涧县的辛庄遗址发现一处4200平方米的商代晚期建筑遗址，呈现出主体建筑和两级落差3米的回廊，这种建筑形式是夏商周三代遗址中首次发现。经专家论证，这个建筑遗迹是目前殷墟之外发现的商代晚期规模最大的。在该遗址的主体建筑里，考古人员发现了距今3000年前的木地板。根据考古人员研究，该遗址木地板的主要特征是经由原木粗加工而成，其宽度和厚度不一，所以为保证铺设后地板表面的平整，地板嵌入地面的深度是不一样的。同时为保持使用中的稳固，地板两端均嵌入夯土内，并在四周以横木作为踢脚线进行压边固定。

陕西的考古发现，在实木地板发展史上具有重要的意义。因为这一发现，反映出相比于河姆渡文化时期，商代的实木地板尺寸（特别是宽度方向）更大、平整度有明显的提升，此外也指出实木地板的主功能开始脱离干栏式建筑隔绝地面潮气的初级需求，而是向着地面装饰效果发展。同时我们也可以看出：自当时开始，技术努力的主要方向已经由提高木材加工效率和精度，逐渐向"如何保证实木地板的稳定、耐用、可靠"方面进行转变。而配套专用踢脚线的出现，则意味着实木地板配件系统雏形的产生，表明其在生活中的应用已具有相当的普遍性。

到周代，青铜冶炼已采用鼓风技术，生产效率和品质出现明显提升，推动用于木加工的工具种类有了很大的发展，主要有斧、斤、凿、钻、刀、削、锯、锥等。而到了战国中晚期，铁器的使用及传播已相当广泛，木工的工具也有了铁制的斧、锯、钻、凿、铲、锛等。

三、春秋战国时期

在春秋末期战国初期，出现了被后世尊为土木工匠始祖的公输般（鲁班）。据后世《事物绀珠》《物原》《古史考》等古籍记载，鲁班发明、改良了诸多木工工具，比如：曲尺（也叫矩或鲁班尺）、墨斗、刨子等，《物原·器原》则说鲁班制做了钻括（矫正木材弯曲的工具）。综合史料，我们相信：鲁班依托周代及春秋时期冶炼技术与工具制造技术的成果，创新了很多木工工具，并对其进行了明确分类和系统化整理。鲁

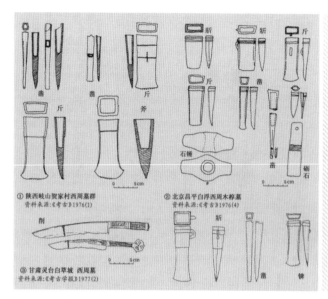

图1-3 西周时期的青铜木工工具　　　　　　图1-4 工匠鼻祖鲁班画像

班的这一成就，除将当时的工匠们从原始、繁重的劳动中解放出来之外，劳动效率也成倍提高，土木工艺出现了崭新的面貌，直接地促进了实木地板产品加工品质的提升。

实木地板的魅力却并非只为东方所青睐，而是超越种族和疆域的全人类的追求。所以无独有偶，在欧洲古罗马时代，采用实木地板作为地面铺装材料也是非常普遍的做法。"木质地板在罗马世界随处可见；这一构造需要花费大量人力和物力。木质地板对一些建筑特别重要，比如需要干燥保存粮食的粮仓。在罗马多层公寓中应用更加广泛，因其居住和储藏空间在房屋、走廊和柱廊和小商店中间层的上部……意大利木质地板的出现相当早，近些年在意大利北部的考古发现表明木地板的使用至少从公元前6世纪就开始了。当时的地板是直接铺在土壤上的。在有小石子做垫层的结构出现后，厚木板多是交叉排列的。"① 由此可见，虽然中国在实木地板应用上自古就具有世界领先的地位，但并非单线发展，古代欧洲的实木地板技术也有其特点，尤其是逐渐发展了鱼骨拼、人字拼等独特的铺装方式，为后世中西实木地板技术的融合与相互借鉴打下基础。

四、秦汉时期

公元前221年秦统一中国，到公元220年东汉覆灭，共约四百多年间。在此期间，由于大部分时期国家统一、国力富强，中国古代建筑出现了第一次发展高峰，奠定

---

① 沈艳. 古罗马建筑材料之木材及其应用 [D]. 哈尔滨：东北林业大学，2014.

了中国建筑的理性主义基础。这一时期的建筑伦理内容明确，布局铺陈舒展，构图整齐规则，表现出质朴、刚健、清晰、浓重的艺术风格，代表这种风格的主要是都城、宫室、陵墓和礼制建筑。比如秦代就建造了大规模的都城与大尺度、大体量的宫殿。如秦咸阳城，以渭水贯都，象征河汉，以宫殿象征紫宫，以城市内其他建筑象征星罗棋布的星空。咸阳城中心还建立了祭祀性的极庙。咸阳阿房宫前殿的台座，规模可以容纳万人，其前有一条宽阔的大道，直抵其前的终南山，并将远山之巅作为这座大殿的门阙，气势非常宏伟。

西汉建立后，实行"约法省禁，轻田租"、奖励农耕的休养生息政策，国力得到了空前的提高。"萧何营建长安，因秦故宫以修长乐，据龙首山以作未央。惠文景之世，均少增作。至武帝时，国库殷实，生活渐趋繁华，物质供应与工艺互相推动，乃大兴宫殿，广辟苑囿。在长安城中，修高祖之北宫，造桂宫，起明光宫，更筑建章宫于城西，于是离宫别馆，遍于京畿。此后王侯贵戚更大治府第。土木之功乃臻极盛。"[1]由此可见，经济的发展、大型建筑的普遍建造，为秦汉时期的建筑与木工技术的进步提供了非常有利的基础。

西汉初期的建筑形式与技术承袭于秦，大型建筑多通过建造夯土高台来增加高

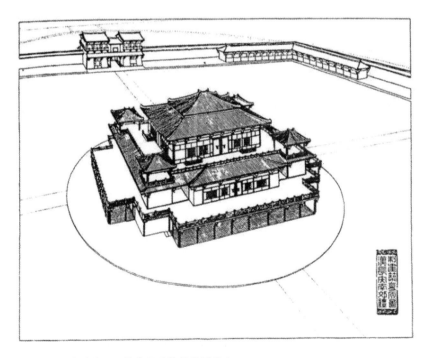

图 1-5　明堂辟雍是汉代多层建筑的典型代表

①梁思成. 中国建筑史 [M]. 北京：百花文艺出版社，2005.

度，而随着技术的进步，尤其是木构架技术的成熟，独立的多层建筑开始出现。而"东汉两百余年是一个全国统一的时期，经济、文化有稳定持续的发展。手工业工人已经完全推翻了工商奴隶主的统治，生产积极性大为提高，建筑技术取得显著发展。高台建筑已被淘汰，多层建筑迅速发展。"①出于楼面减重、平面稳固和舒适生活的需要，在这些多层的木构架建筑中，多采用木材来作为楼板，不但起到楼层分割和楼面承重的作用，还具有装饰地材的效果，从其功用上来看，也属于实木地板。所以汉代木构架多层建筑技术的发展，提高了单位土地的人口容量，有助于解决城市化人口增长的矛盾，形成了中国建筑史上的第一个高峰期；同时，木构架技术的发展和建造成本的下降，使得多层楼阁不再只是皇室宫殿所独有，开始向王侯贵戚、高级官员府邸下探，由此大幅地提高了木地板在高端建筑中的应用。

秦汉之后的魏、晋、南北朝三百余年间（公元220～589年），社会生产力的发展比较缓慢，在建筑上不及秦汉时期有那样多生动的创造和革新，但建筑形态发生了较大的变化。特别在进入南北朝以后，建筑结构逐渐由以土墙和土墩台为主要承重部分的土木混合结构向全木构发展。这时木构架的形式由一行柱列上托长数间的阑额改为每间一阑额，插入两边柱顶的侧面，同时起拉结和支撑作用，增强了柱网的抗倾斜能力。这时在柱网上又出现由柱头枋、斗拱交搭组合成的水平铺作层，加强了构架的整体稳定性。经此改进，一般中小型建筑可以用全木构建造了。此外，由于南北朝统治阶级大力提倡佛教的原因，促进了佛塔的大量建造，并创新出中国式的木塔。这些都在一定程度上，有利于木质楼板兼作实木地板建造技术的提高和向民间的发展。

五、唐宋时期

对于包括实木地板在内的家居产品而言，影响其发展进程的，除了工具的更新迭代，另一重要因素，就是生活习惯的变革。

唐朝之前，在室内一般习惯席地而坐。至隋、唐时代，席地而坐与垂足而坐两种生活习惯才开始并存。正因唐代之前需要直接接触或兼做睡眠使用，所以对于地材的舒适性与亲肤要求较高。因此，当时平民多采用在地面铺设席子的处理方式，而只有高端场所才会铺设实木地板，普及程度不高，但地板规格开始趋于规则有序。

从宋代开始，椅子、床等高型家具得以真正流行，由此导致坐具、寝具逐渐与地面进行了彻底的功能分离。木制高型家具的流行，促使宋代木艺开始快速发展，

---

① 陈明达. 中国古代木结构建筑技术（战国－北宋）[M]. 北京：文物出版社，1990.

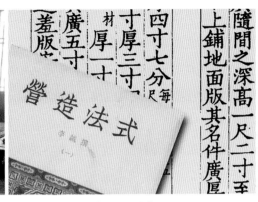

图1-6　电影《妖猫传》镜头中的唐城，还原了　　图1-7　宋代典籍《营造法式》
唐代富裕家庭的内景

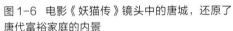

无论是木材材性处理还是加工技法都有了很大的进步，并产生了众多木艺史上重要的人物和理论成果。北宋初年的喻皓，擅造木塔，并精通各种木工技术，晚年著有《木经》三卷（已失传），载有各种木制结构与创造性的技术发明。《木经》正本虽已失传，但在沈括所著的《梦溪笔谈》中多有记述。比如在十八卷《技艺》中记载了喻皓在木塔各层楼面上铺设木板并用钉相连使木塔稳固的故事："钱氏据两浙时，于杭州梵天寺建一木塔，方两三级，钱帅登之，患其塔动。匠师云：'未布瓦，上轻，故如此。'方以瓦布之，而动如初。无可奈何，密使其妻见喻皓之妻，赂以金钗，问塔动之因。皓笑曰：'此易耳。但逐层布板讫，便实钉之，则不动矣。'匠师如其言，塔遂定。盖钉板上下弥束，六幕相联如胠箧。人履其板，六幕相持，自不能动。人皆伏其精练"。北宋时曾官至将作监的李诫编修了当时的建筑技术书籍《营造法式》，反映了当时中国土木建筑工程技术所达到的最高水平，是中国古代最完善的土木建筑工程著作之一。在《营造法式》中，详细记载了壕寨、石作、大木作、小木作、雕作等共十三种一百七十六项工程的尺度标准以及基本操作要领（类似现代的建筑工程标准作法），其中涉及了木地板的用材、制作规范等内容。

相关资料显示，由于加工技术的进步，宋代的实木地板已经具备一定可靠性，表面平整，形态美观，所以普及度有所增高。但由于铺设要求和成本均较高，所以还是以两京的官用建筑为主，并下探到一些高官和殷实家庭。宋代地板的特点主要为原木等厚，稳定性较差，地面铺设有严格要求。

六、明清时期

中国实木地板技术发展到明朝，基本延续了宋代以来的方案，但在工艺精度、材料处理、涂装封闭及铺装规范方面都有了一定的进步。

得益于郑和大航海的壮举，明代从越南、印度尼西亚的爪哇和苏门答腊、斯里兰卡、印度及非洲东海岸等地获取了大量红木资源，催生了中国特有的红木家具文化，为中国木艺的发展提供了直接而有力的助力。其次，通过史无前例的大型、超大型木质船舶的建造与应用，中国开始积累大量的木材养生、防腐、封闭等相关知识。据相关资料显示，郑和船队所用木材一般都须经过三到五年的自然干燥养生，以保证其稳定可靠。因此在技术互用的影响下，明代的实木地板，其原材也开始通过较为完备的自然养生技术来进行预先处理，安装铺设后的成品则通过桐油饰面封闭，有效提高了整体的稳定性能。

正由于造船技术的发展和借鉴，使得明代的实木地板开始在含水率处理与涂饰封闭方面有了长足的进步，地板的稳定性能有了较明显的提升。但鉴于制作成本和维护成本的原因，实木地板多使用于富裕家庭，且以兼做楼板为主。公元 1605 ～ 1627 年在位的明熹宗朱由校，是历史上极为罕见的"木匠皇帝"，他短短的一生极为痴迷刀、锯、斧、凿、油漆之事，所以一定程度上也在统治者层面推动了木艺的进步和木质家居用品的普及应用。史载其"朝夕营造"，甚至亲自参与宫殿的设计与营造。据相关史实资料显示，在明故宫中，部分以生活起居为主要功能的建筑，就多处存在实木地板兼做楼板的设计。

由于明代木艺的高度发展，汉民族流传至今的民间木工工匠业务用书——《鲁班经》（原名《工师雕斲正式鲁班木经匠家镜》或《鲁班经匠家镜》，午荣编。其前身为宁波天一阁所藏的明中叶《鲁班营造法式》）在此期间问世。《鲁班经》较系统化地记录和介绍了行帮的规矩、制度以及仪式；建造房舍的工序；说明了鲁班真尺的

图 1-8 明代民居，约 450 年前

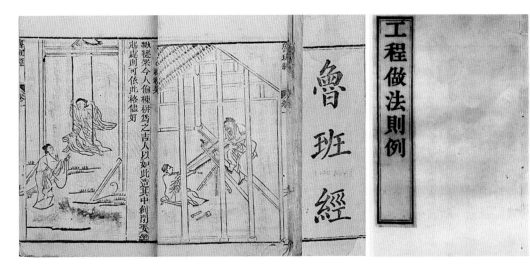

图 1-9 明代木工典籍《鲁班经》　　　　　　　　图 1-10 清工部《工程做法则例》

运用；常用家具、农具的基本尺度和式样；常用建筑的构架形式、名称等内容。作为中国木工技术发展的阶段性总结，《鲁班经》具有重要的史料价值，在一定程度上也反映了当时实木地板所能采用的技术水平。

　　明代中叶以后，随着徽州缙绅和商业集团势力的崛起，徽派园林和宅居建筑跨出徽州本土，在江南、江北如江苏的扬州、金陵，浙江的杭州、金华，江西的景德镇等各大城镇扎根落户。徽派建筑集徽州山川风景之灵气，在总体布局上依山就势，构思精巧，自然得体；在平面布局上规模灵活，变幻无穷；在空间结构和利用上，造型丰富，以马头墙、小青瓦最有特色；在建筑雕刻艺术的综合运用上，则融石雕、砖雕为一体，显得富丽堂皇。徽派建筑的民居往往多有两层多进、中开天井的特点，其二楼、穿堂的地材多为实木地板，儒雅温润，深得文居的真味。随着徽派建筑经明清两代的发展逐渐，成为中国古建筑最重要的流派，在民居中使用实木地板也渐呈趋势。

　　由于承袭了明代对木材处理技术的探索精神与丰富的经验积累，到了 18 世纪，工业化的木材平衡技术诞生——匠人们开始使用烤房来烘干木地板的原料，木材含水率的控制变得更为准确，效率也大大提高。由于木材平衡技术的出现，所以从中国清代开始，实木地板不仅整体可靠性、实用性有了明显的提升，其工艺和外在表现也开始呈现多样化的趋势，并且突破了使用场景的限制，逐渐走向包括办公、娱乐等高使用强度的环境。

　　正因建筑业的发展，清代为加强管理，于雍正十二年（公元 1734 年）由工部编定并刊行了《工程做法则例》（与宋《营造法式》并称为研究中国建筑的两部文法课），

图 1-11 两层多进的徽派民居

作为控制官工预算、作法、工料的依据。书中包括有土木瓦石、搭材起重、油画裱糊等十七个专业的内容和二十七种典型建筑的设计实例。此外，清代政府还组织编写了多种具体工程的做法则例、做法册、物料价值等有关建筑的书籍作为辅助资料，从而累积了历代以来最为丰富的建筑营造方面的文字资料。同时清政府的工程管理部门，特别设立了样式房及销算房，主管工程设计及核销经费，对提高宫殿等官府工程的管理质量起到了很大的作用。样式房的雷发达家族及销算房的刘廷瓒等人，都是清代著名的匠师。

所以说，无论是家居理念、木材处理、加工技术、良工名匠，还是做法规则，明清两代建筑与木艺的发展，都为中国实木地板技术在现代的真正普及打下了基础。

七、清末民国时期

木材烘干技术的出现，令实木地板的稳定性能得以进一步提升，同时客观上也推动了这一产品应用的普及。这一趋势演进到清代末期、民国时期，随着西风东渐，更成为一种时髦。当时无论是南京总统府（见图 1-12）、江南富商的民居（见图 1-13），还是上海十里洋场的百乐门舞厅，都开始铺设实木地板，一时蔚为大观，风气大盛。然而相比于古代，近代的实木地板虽然有了很明显的进步，但是依然无法脱离由木工手工制作、安装的范畴，没有本质上的突破，不是工业化的成熟产品。

因此当时实木地板的品质，除受材种限制外，更多的依赖于木工的技艺与责任心，其稳定性还远未到可以让普通人放心使用的程度。当时，为了提高实木地板的可靠度，通常有两种处理方式：一种是在地面向下挖空，起砌砖制地龙（往往高度超过 1m），并在地龙处做好通风防潮措施，以保证地面泥土层中的潮气不会侵入地板。然后再在地龙之上铺设不等长、不等宽、规格较大（以保证地板的整体强度）的木材，用铁钉进行两端固定，并在表面饰以桐油等植物油脂。这种处理方式的优点是，安装后地板规格大，纹理清晰，颇有淳朴粗犷的自然之美，并使得江南潮湿地区的底楼也能安装实木地板。但缺点也很明显，那就是工程繁难，耗资巨大，清洁维护相当麻烦，需要专人负责，所以非巨富人家不能承受，缺乏普及的可能。

　　另外一种方式的成本则较为低廉，其采用窄木条作为地板的主体（在一定条件下，地板宽度越窄，稳定性越好），以胶粘的方式固定于地面。然后再在铺装完毕的地板上涂饰传统深色油漆进行封闭。这一方式的缺点是，地板宽度较小，缺乏尊贵感受，同时经深色油漆涂饰表面后，木质纹理浑浊难辨，几乎完全遮盖，实木地板自然本真的优美表现十不存一。相比于其缺点，其优点也是显而易见，无需设置耗资巨大的砖制地龙，并且由于采用窄木条作为材料，相对放宽了实木地板对于木种稳定性和尺寸规格的要求，令材性稍逊或规格窄小的木料也能作为地板主材，极大地降低

图1-12 南京总统府（清末建筑），约100年前

图1-13 南浔刘氏悌号（清末民居），约100年前

了成本。此外，胶水除作为黏合剂之外，还一定程度地起到了隔绝地面潮气的作用，以维持地板含水率的相对稳定。板面的油漆连续涂饰，也一定程度地隔绝了空气中的水分和生活溅水的渗透，日常的清洁维护同样要优于油饰的实木地板。正是基于安装成本和使用成本的优势，所以在进入民国时期后，这一地板安装处理方式开始成为主流。

在通过此类处理后，清代末期到民国时期的实木地板已经稍具现代产品的雏形，然而正因为没有技术上的重大突破和工业化生产条件，这些实木地板的稳定性问题依然存在。最为常见的就是，使用时间稍长就会开裂和起拱，并且日常走动时响声明显，经常需要维修。

第二节 现代实木地板的断代及特征

中华人民共和国成立后，一度百废待兴，普通家庭的家装需求长期被抑制，导致实木地板技术未有明显提升，特别是 20 世纪 60 年代初，建设部曾下文在民间建筑禁止运用木地板，进一步限制了实木地板在国内的发展。直到改革开放之后，随着人民生活水平的日趋提高和 20 世纪 80 年代商品房的开始出现，实木地板率先成为新时期家装领域的主项，并由此拉开现代实木地板的历史。

一、第一代实木地板：未经涂饰的地板块

20 世纪 80 年代，伴随着收录机、喇叭裤等国外标志性商品的走红，实木地板作为时尚和高级生活的象征，也开始进入现代中国家庭（见图 1-14）。然而当时在市场

图 1-14 第一代实木地板

上几乎没有成品实木地板出售，同时也缺乏进口大口径木材，所以可供利用制作实木地板的材料极为有限。在这种背景下，延自民国时期的做法，现代意义上的第一代实木地板多采用小径的硬杂木、枝丫材作为原料，通过各种陈化工艺或改性干燥以提高木材稳定性后，将形成的木地板块黏贴于平整后的地面上。之后，在地板表面进行打磨、抛光、找平，再施以腻子进行填充，作用在于堵塞木材纤维导管的管道，以减少其吸收油漆的量，并可令漆饰后的地板光泽度提升。以上工序完成后，最终进行手工涂饰油漆（一般为不加色的清漆）。

第一代实木地板的优点主要是材料极其低廉，获取简单，并且可按照用户需求排列组合铺装成几何图案。但是这种地板往往极为耗费人工，同时制作施工周期很长，本质上属于近代实木地板向现代实木地板转变的过渡产品，不具备大范围推广的基础。此外，小径材的先天限制，也导致其装饰表现不够简洁大气，与当时快速发展的中国家装审美趋势不相吻合。因此，这一实木地板形式存在的时间较短，在中国市场真正占据主流地位的时间不足10年。

虽然实木地板的发展进入到了现代，但第一代实木地板依然采用无榫胶粘，安装后手工打磨、涂饰的工艺，没有经过严格的干燥、养生、平衡，加工精度、施工品质和后续维护均缺乏保证，所以长期使用仍然会开裂、变形，并且难以修复和重复使用，因此随着地板工业化时代的到来，第一代实木地板随即被第二代实木地板所替代。

二、第二代实木地板：平扣（企口）实木地板

20世纪90年代初期，由于受蓬勃发展的市场需求催生，中国现代地板产业开始萌芽。随后，中国市场上开始出现四周经机械加工成凹凸榫槽结构，背面开有抗变形槽，通过龙骨与钉子进行安装固定的实木地板。

这种实木地板，一般采用进口大口径硬木为原料，并经过了平衡养生处理，材质本身的物理表现较好；采用现代化木工设备进行开槽加工，产品精度高、板面平整、高低差小，产品的使用体验相比第一代有较大提升。然而，这种实木地板的初期形态没有工业涂装的技术工序，用户购买安装后仍需自行打磨、涂饰，所以被俗称为"素板"，属于1.5代的概念。针对这一不足，中国地板行业迅速对其改进，采用PU（聚氨酯涂料）辊涂或UV（紫外光固化涂料）淋涂技术，在工厂即对地板进行工业化涂饰，赋予其良好的表面平整度和光泽度，使得实木地板的视觉体验和美观程度进一步提高。自此，以工业涂装、平扣（企口）连接、龙骨打钉安装为技术特征的第二代实

图 1-15 第二代实木地板截断面的平扣（企口）形态

图 1-16 第二代实木地板纵向底部边缘平扣（企口）形态

木地板正式问世。

在铺装方式上，第二代实木地板主要采用木龙骨铺设的方法，其主要工序是：

1. 铺设龙骨

龙骨一般采用落叶松、柳桉等握钉力较强的材种，根据规划中地板铺设的方向和长度，来确定龙骨铺设的位置（一般来说，每块地板至少需要搁在 3 条龙骨上，所以龙骨与龙骨间的距离通常不大于 350mm）。然后，根据地面的实际情况明确电锤打眼的位置和间距。一般电锤打入深度约 25mm 以上，如果采用射钉透过木龙骨进入混凝土，其深度必须大于 15mm。当地面高度差过大时，应以垫木找平，先用射钉把垫木固定于混凝土基层，再用铁钉将木龙骨固定在垫木上。在安装时，需要注意的是：龙骨之间，龙骨与墙或其他地材间均应留出 5 ~ 10mm 间距，以保证其缩胀的空间，龙骨端头应钉实。最后，铺设完毕的木龙骨应进行全面的平直度拉线和牢固性检查，检测合格后方可铺设地板。

2. 铺设实木地板

在龙骨之上铺设毛地板和防潮膜后，即可开始地板安装。第二代实木地板的铺设一般是错位铺设。起始时，从墙面一侧留出 8 ~ 10mm 的缝隙后，铺设第一排木地板，地板凸榫朝外，以螺纹钉把地板固定于毛地板（或木龙骨）上，此后逐块排紧钉牢。每块地板凡接触木龙骨的部位，均须用螺纹钉以 45°~ 60°斜向钉入，地板钉的长度不得短于 25mm。由于采用龙骨打钉安装，第二代实木地板始终处于固定状态，一旦膨胀极有可能出现起拱变形的情况，所以为给其留出缩胀空间，地板在安装时要根据材种的不同，在宽度方向上，每隔一片或两片，在相邻地板间通过插隔包装带或名片的方式设置伸缩缝（见图 1-17）。为使地板平直均匀，应每铺 3～5 块地板，即拉一次平直线，检查地板是否平直，以便于及时调整。

第二代平扣实木地板，极好地弥补了初代产品的很多缺陷和不足，最为关键的是，平扣实木地板除安装之外的其他工序都在工厂中以标准化、批量化的方式进行大规模生产，在品质提高的同时，成本明显下降，为大范围进入中国家庭提供了可能。所以，其面世后，迅速成为了主流的高端地面铺设材料，不仅完全淘汰了第一代实木地板，更大量地抢占了瓷砖、马赛克、石材等硬质地材的份额，其国内年销售量一度攀升至 8000 万平方米。

平扣实木地板的出现，标志着实木地板进入到工业化生产的时代，但是在追求极致的道路上，平扣实木地板还只是刚刚开始，还存在着很多不尽如人意的地方。例如，根据以上介绍，我们可以看出，龙骨打钉的安装方式，除增加了地板安装费用之外，还限定了地板的位置和缩胀范围，当室内湿度过高或过低时，将超越其承受能力，从而出现开裂、拔缝（地板与地板间彼此分离）或者起拱的问题；其次，龙骨部分的空隙往往会成为家中卫生清洁的死角，时间一久，可能成为虫蚁孳生与藏身之地；第三，因为钉子的存在和地板会随湿度变化尺寸的特点，在使用过程中，平扣实木地板的龙骨与地板、地板与钉子、龙骨与钉子等接触部位，会产生平整度变化和钉子松动等问题，进而因产生摩擦而出现响声，严重影响用户的体验度；第四，同样由于平扣实木地板是由钉子固定在龙骨上的，如果强行拆卸，就会造成损毁。因此，平扣实木地板基本上属于一次性产品，不能拆卸重装。正因如此，在实际市场应用中发现，铺装了第二代平扣实木地板的家庭，如果家中一旦大面积漏水

图 1-17 第二代实木地板安装时须以插片方式在地板间预留收缩缝

或者需要拆开地板对地面设施进行维修的话，就意味着地板报废。此外，业主搬家时，即便地板使用状态良好、材种名贵，也不能拆卸带走使用到新居，造成优质木材的浪费和用户的财产损失。因此，平扣实木地板实际的长期使用价值要远远小于理论的长期使用价值。相对于以上的缺点，第二代平扣实木地板的另一大不足就更为致命，直接导致了其由盛到衰，直接走向面临淘汰的边缘，那就是——不能被应用于地暖环境。

三、第三代实木地板：地暖实木地板

作为国内新兴、国际流行，代表着健康采暖方式的地面辐射供暖（地暖）目前已经成为了众多中国家装用户消费升级的重要方向，以及建设美好生活的标志性配置。但是第二代平扣实木地板，因为需要龙骨打钉，所以施工中容易损毁隐蔽地暖管道，其安装方式先天不适于地暖环境；同时龙骨所形成的地面与地板之间的空间（4～5cm左右），基本上由传热不佳的空气所填充，事实上起到了隔热层的作用，如强行用于地暖，地暖产生的热能将会大量损耗，室内供暖效果很差；最后，通过上述第二代平扣实木地板安装方式的介绍可以获知，地板背部的防潮膜由于打钉的关系，会布满孔洞，地面潮气依然会顺着这些孔洞影响地板，即使是常规环境，也存在较大的起拱、拔缝几率，稳定性能未臻完善，完全不足以应对温湿度大范围波动的地暖环境。因此近些年来，在地暖于国内大规模普及的背景下，其市场份额正快速被全新的第三代地暖实木地板所取代。目前此两代产品正处于此消彼长、更新换代的阶段。

正因为第二代平扣实木地板无论是安装方式，还是自身的稳定性能，都无法适应地暖环境，所以在新一代产品诞生并趋于成熟前，第二代平扣实木地板在地暖方面的应用机会逐渐被瓷砖、石材等硬质地材，以及强化木地板、实木复合地板等其

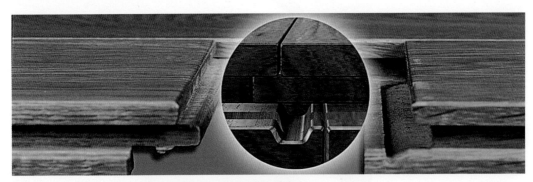

图1-18 实木锁扣技术——第三代地暖实木地板的核心技术

图 1-19　第三代实木地板：
地暖实木地板

他地板所抢占，导致实木地板这一品类丧失了随地暖普及和家装建材行业蓬勃发展而迈上新台阶的机遇。这一颓势直到第三代实木地板——地暖实木地板出现之后，才开始逐步有所改观。

1997 年，香港回归祖国；1999 年，澳门回归。在全球准备迎接新世纪到来之际，在中国的经济面貌、民众的生活均欣欣向荣的时刻，实木地板行业也正在酝酿着最新的一次技术革命。当时中国实木地板品牌——天格，针对第二代平扣实木地板的结构和铺装方式所带来的缺陷，力图通过全新的技术方案来进行解决，其核心思路就是改堵为疏，将平扣连接方式升级为锁扣连接方式，进而摆脱龙骨、铁钉和胶水，用悬浮铺装的方式，实现地板可随内部含水率变化而同胀同缩、自动调整，以实现单片地板和整体地板的稳定可靠。

2000 年，"虎口榫"实木锁扣技术（见图 1-18）被成功发明，世界上首片锁扣型榫卯结构实木地板问世。这一采用新技术方案的实木地板，在稳定性方面均大幅超越了第二代实木地板，各种性能指标十分出色，并获得了相关国家专利。锁扣型榫卯结构实木地板的诞生，不仅具有大幅提高实木地板稳定性方面的意义，更重要的是它还带来了免钉、免胶、免龙骨、免毛地板的便捷安装新方式，功能性和环境适应能力得到了空前的提升，实木地板首次具备了应用于包括地暖在内的各种环境的可能性。

锁扣型榫卯结构实木地板问世时，恰逢地暖在中国北方开始兴起。行业和客户几乎同时发现，这一产品在北方冬季低湿高温的地暖家庭，有着良好的表现，不仅稳定，而且相比于硬质地材具有脚感舒适、亲肤怡人、调节室内小环境的优点；而与复合类地板比较，则因为实木地板是由整块原木制成，没有黏合剂，不会在地暖的烘烤下散发甲醛，所以室内空气清新，没有健康隐患，堪称地暖环境的最佳地材（见图1-19）。

在锁扣型实木地板发明后的两年多时间内，通过不断的技术研发和整合，以实木锁扣技术为核心，配合六面全防涂饰、静音消声等多项国家专利，在经受长达数百小时的模拟地暖测试后，锁扣型实木地板超强的耐热尺寸稳定性、耐湿尺寸稳定性被予以科学的证明：其表面耐湿热、耐龟裂、耐冷热循环指标都达到了耐受地暖的要求，一举奠定了第三代实木地板——地暖实木地板技术方案的基本架构。

四、三代实木地板技术特征比较

根据现代意义上的三代实木地板技术特征的比较（见图1-20），可以发现，第三代地暖实木地板是目前最为先进、最为完备、最为可靠、体验最佳的技术方案，其主要的消费者利益（相比于第二代平扣实木地板而言）有以下6点。

1. 不变形，耐地暖

平扣实木地板需要用钉子把地板固定在龙骨上，这样一来，当地板膨胀或者收缩的时候，就会产生拔缝、起拱、变形等问题，而第三代地暖实木地板的锁扣连接技术实现了地板的整体铺装，让整个房间的地板可以通过整体膨胀和收缩来疏导湿度变化所产生的内部应力，使其不会对地板个体产生变形影响；而地板整体伸缩的空间则预留在了踢脚线下面，由此避免了地板拔缝、起拱等问题。因此，平扣实木地板不能适应地暖环境；第三代地暖实木地板则完全可以满足包括地暖在内的各种室内环境的需要。

2. 无响声，免噪音

平扣实木地板槽口之间，钉子和地板之间以及钉子和龙骨之间会因缩胀而产生

图1-20 三代实木地板技术特征对比图

图 1-21 使用地暖实木地板室内更安静

摩擦，进而出现响声，但锁扣地板则不需要钉子和龙骨，并在锁扣处覆有静音膜，所以就解决了实木地板响声的问题。

3.易打理，更卫生

平扣实木地板每片地板之间必须预留伸缩缝，日常清理卫生时，很难清除其中的毛发、皮屑、灰尘等污物，成为藏污纳垢和细菌滋生的空间；平扣地板的龙骨层，密封于地面和地板之间，无法通风，久而久之，就会吸收空气中的水分，容易霉烂长虫。而第三代地暖实木地板是无缝安装，不用龙骨，从根本上避免了这一问题的出现。

4.省空间，更敞亮

第三代地暖实木地板采用锁扣连接、悬浮铺装，取消了龙骨层，可以节省5cm左右的高度空间，让房间更加敞亮。

5.可拆装，重复用

平扣实木地板要用钉子把地板固定在龙骨上的，一旦拆卸就意味着报废，因此平扣实木地板是一次性消费品。第三代地暖实木地板则可以随意拆卸重装，比如搬家时可以将其无损拆卸带走，到新居重新安装；或者在使用中有人为局部损坏，以及遭遇意外泡水等情况，都可以拆卸重装（见图1-22），避免更大的损失，实现几十年的反复使用，从而让珍贵的木材保值增值，真正做到了家居小环境健康舒适与地球大环境低碳环保的和谐统一。

6.省料、省工、省钱

第三代地暖实木地板无须龙骨、毛地板的悬浮铺装方式，在地板本身的成本方面，节约了龙骨、毛地板、钉子等配件的费用，还节约了安装龙骨、毛地板的人工费用；

图1-22 使用地暖实木地板，如不慎漏水，可快速拆卸、晾干，重新铺装

在配套成本方面，可以省去或大量减少非地板铺设区域与地板铺设区域的找平成本（含材料与人工）；在时间成本上，其安装周期也比第二代平扣实木地板要大量缩短。因此，相同面积的居室，如果使用第三代地暖实木地板，每平方米可以比第二代平扣实木地板节省40～100元左右。

科技的意义，除了推动人类文明的进步之外，还在于让我们的生活变得更为舒适、便利和健康，实木地板技术的发展也同样如此——从第一代到第二代，再到第三代，无论是连接方式、安装方式、适用环境，还是使用体验，都得到了升级，具备明显的代际特征。尤其是第三代地暖实木地板的出现，可以说将实木地板的功能、应用和体验提升到了一个全新的高度，令其首度成为全地域、全环境的环保型高端地面铺装材料的同时，也开始具备了在地板、硬质地材（石材、瓷砖）、地毯这世界三大地材的比拼中占有全面优势的能力。

因此，第三代地暖实木地板被业界和用户称之为"终极地材"，是实木地板最高级的技术方案，也是最能体现实木这一天然材料宝贵特性的产品形态。

第三节 地暖实木地板的价值

地暖实木地板被业界和很多消费者称为"终极地材"，原因很简单：它兼备了木材这一绿色建筑材料无可取代的天然优点，以及现代科技所带来的高端体验价值，完全克服了传统实木地板稳定性差、维护麻烦、不能用于地暖的不足；也弥补了地砖、石材以及地毯等其他铺地材料的缺点，从而赢得了高端用户的青睐，并逐渐向大众进行普及。其切实而独特的价值，能够提升用户的生活品质，主要体现在以下六点。

一、耐用价值

地暖实木地板由整块原木加工而成，在垂直方向上没有任何组合结构，在水平方向上也没有任何层次结构，所以无须黏合剂，不存在复合地板常见的分层、脱胶、

图 1-23 2010 年上海世博会远大馆

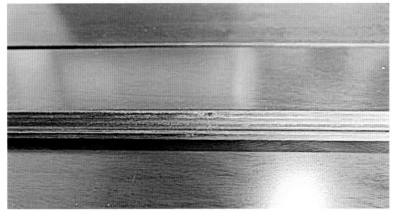

图 1-24 2015 年远大馆修整时拆卸下的地暖实木地板完好如新

起泡的情况。目前，市场上地暖实木地板厚度一般为 18mm 左右，这一厚度可以很好兼顾锁扣强度（地板太薄会导致锁扣过小，进而降低其抗拉强度）、原材损耗、导热效能和接触时的脚感。同时，正因地暖实木地板具有如此特点，所以其使用寿命也是所有地板品类中最为长久的，不仅可以多次拆装、易地使用，还可以重复打磨翻新，家居使用强度下可使用 50 年以上。

在地暖实木地板耐用性方面，有一个行业公认的证据非常具有说服力：2010 年 5 月 1 日，上海世界博览会正式开幕，其中代表低碳、节能的远大馆，就选用了地暖实木地板产品。在为期半年的世博会期间，共计有 7000 万人次前往参观。远大馆选用的地暖实木地板不负众望，在接受了千万观众的现场踩踏考验后，依旧完好如新，充分显示出其耐用性能方面的优势，向世界展示了中国智造的魅力，完美上演了中国原创技术在改善生活品质、维护人居健康舒适方面的"世纪演出"。2011 年 7 月 20 日，上海世博局决定保留远大馆并重新启用，正式向公众开放，这是上海世博会闭幕后，本届世博会唯一留用的企业馆。

图1-25 2015年8月远大馆进行内饰修整后继续采用了地暖实木地板

在其后超过4年的时间内，远大馆选用的地暖实木地板一直保持着良好的状态，忠实服务了成千上万的参观者，未曾出现质量问题。有地板行业专业人士赞叹：在共计约5年时间内，根据使用环境的复杂程度和踩踏、摩擦量来估算，远大馆所用地暖实木地板其实际承受的使用强度，几乎相当于家用环境的200年，其保持的完好状态，完全是传统实木地板产品所难以达到的。

因此，在2015年8月远大馆进行内饰修整时，地暖实木地板再次成为其主要地材。事实上，即使经受了如此令人难以想象的考验后，拆卸下的地暖实木地板除表面少许磨损外，其锁扣全部保持完好，地板依旧平整稳定，无开裂、无起拱、无变形，实木地板娇贵、难维护的传统印象被完全颠覆。

正因地暖实木地板具有如此超长稳定的使用寿命，所以在目前，很多用户都将其视作保值增值的投资方式，而不只是装修的支出。事实上，用户在进行消费升级，再次装修新居时，将原地暖实木地板带走用于新家的情况已经屡见不鲜，这充分说明了耐用性是地暖实木地板相当突出且利益巨大的一大价值。

二、安全价值

世界卫生组织报告指出，全球每年大概有30余万人死于跌倒，而其中一半是60岁以上老人。跌倒已成为了65岁以上老人受伤、死亡的"头号杀手"。根据北京

地面太滑男子跌倒脚卡便池 消防员砸碎瓷砖施救

24日 15:38　来源：深圳新闻网　参与互动(0)

洗澡间湿滑 女子摔倒被地砖割断跟腱

10:52　来源：厦门日报　参与互动(0)

图 1-26 因地砖、石材而滑倒致伤的情况时有发生

市疾控中心公布的抽样调查结果显示：60 ～ 69 岁老年人每年跌倒发生率为 9.8%，70 ～ 79 岁为 15.7%，80 岁以上为 22.7%，每增长 10 岁，跌倒发生率会升高 0.5 倍左右。另外，据卫生部统计数据显示，每年由于意外滑倒而造成骨折、扭伤等住院的人数占全部住院人数的 35%。由此可知，意外滑倒已经成为危害人们人身安全和财产安全的一大因素。而在导致意外滑倒的众多因素中，地砖、石材湿滑是最不容忽视的一个原因之一。

　　地暖实木地板的主材——木材尽管经过刨切式砂磨，但由于细胞裸露在切面上，使木材表面不是完全光滑的，即木材仍然具有一定的粗糙度。木材的摩擦因数是适度的，静摩擦因数与动摩擦因数之差几乎没有。所以，实木地板比塑胶地砖的步行感优良，特别当地板表面水分状态变化时，非木质地材（如地砖、石材等硬质地材）由于结露而光滑，发生障碍性事故的例子很多；木质地板难于结露，不会因此而变得容易滑动，仍能保持良好的步行感。

　　因此这就是使用硬质地材日常滑倒概率会比使用地暖实木地板等木质地材高很

图 1-27 地暖实木地板取材自天然原木

多的主要原因；而且硬质地材比地暖实木地板的刚性与硬度都要高，摔倒后受伤几率成倍提高，特别对骨质疏松的老人或发育尚未完全的小孩的伤害更为严重。而地暖实木地板不易打滑，并且具有较好的抗冲击性能，能吸收部分冲击能量，可以有效提高家居生活的安全性，特别适合有老人或者小孩子的家庭。

三、环保价值

地暖实木地板的材料取自于天然原木，是纯天然的材质，没有放射性，也不含工业甲醛，对人体没有任何危害。在涂装上，高端的地暖实木地板采用的是紫外光固化的树脂涂料，这一环保材料，无醛无苯，被广泛用于美甲、牙科等领域，不仅日常情况下环保健康，即便用于地暖这样的加温环境，也可确保没有有害物质的释放。所以只要是正规厂商生产的地暖实木地板产品，用户就不需要担忧其环保性的问题，这一特点也正是很多家庭看重地暖实木地板的原因。

除了室内环境的环保价值，地暖实木地板所采用的木材也属于大环境友好的材料，因为它具有以下的特性：原料生产再生性、产品制造低能耗低污染性、产品使用节能性以及产品利用循环性。

木材是一种可再生的天然材料，木质制品在制造过程中资源和能源消耗较之砖瓦材料低得多，且产生的废料、废气、废水量少，对环境污染小。木材及其制品具有良好的保温隔热性能，可以节省因取暖制冷而大量消耗的能源，并且在完成使用功能后可以进行循环再利用。一幢钢铁框架的房屋要释放出 3.5 吨碳，但与其相当的木框架房屋却能贮藏 3.1 吨碳。木材所贮藏的二氧化碳量是其加工过程中释放量的 15 倍，但钢材、铝材所贮藏的量则可以忽略不计。

正是因为木材与其他建筑材料相比较，具有独特的环境友好和可生生不息循环使用的特性，所以我们在居室中大量利用木材不仅是对家人的关爱，也是对地球大环境的保护。

表 1-1 各种建材生产过程碳的释放与贮藏量表

建材类型	碳释放量（kg/t）	碳释放量（kg/m³）	碳贮藏量（kg/m³）
毛面木质锯材	30	15	250
钢材	700	5300	0
铝材	8700	22000	0
混凝土	50	120	0

图 1-28 儿童房一般
选用实木地板

四、保健价值

木造住宅或木质墙壁、地板可以缓和外部气温变化所引起的室内温度变化。其影响内部温度变化的程度可用物质的热扩散率来评价。热扩散率表示在加热或冷却时物体各部分温度趋向一致的能力，物体的热扩散率愈大，在同样外部升温或冷却条件下，物体的内部温度差异就愈小。木材的热扩散率远远小于混凝土或铁，因此木材比混凝土、铁具有更好的隔热性和温度调节性能。中国台湾大学森林学系教授王松永对木质内装材料的房屋和无内装材料的混凝土房屋内温度变化的研究认为，木质内装材料房屋的温度夏季较低，而春、秋、冬季较高，具有冬暖夏凉之功效。

正是因为这一科学原理，大面积铺设于地面的地暖实木地板同样具有很好的调温作用，这也是非常多的用户喜欢赤脚在实木地板上行走，以及儿童更喜欢在实木地板上玩耍的主要原因。

除了调温价值之外，调节湿度也是木材所具备的独特性能之一：木材对环境的调湿作用是靠木材自己的吸湿和解吸作用来直接缓和室内温度变化完成的。日本京都大学木质科学研究所所长则元京等采用木质材料、聚乙烯贴面及钢材所组成的密闭箱进行箱内温湿度的测定，结果表明木质材料的调湿效果优于其他材料。木造房屋的年平均湿度比混凝土造房屋低 8%～10%，变化范围保持在 60%～80%。在现代中国社会的城市中，大部分消费者可能没有机会居住在木质建筑中，但采用地暖实木地板，对于家居环境的湿度也有类似的调节作用：当气候干燥时，地暖实木地板内部的水分就会缓慢释出；气候潮湿，地板就会吸收空气中水分。通过这种缓吸、缓释水分的能力，地暖实木地板能自动调节室内的湿度，可有效减少风湿疾病的发生，非常有利于居住者的身体健康。

此外，天然的木材还会依据树种不同、含有的挥发成分和提取物质的含量不同，具有不同的香气与各种功用。例如，花柏中散发出来的松烯类化合物可以驱除蚊子；松木有消炎、镇静、止咳等作用；杉木会刺激大脑而使脑力活动更活跃；银杏可用于治疗高血压；白桦具有抗流行性感冒之功效；冷杉具有能杀灭黄色葡萄球菌等的香气，其挥发成分是精油，精油具有除臭、防螨和杀虫、防腐抗菌的作用。木材香气除上述作用外，还可以使室内气氛温馨，抑制精神压力造成的紧张，令人感到舒服，减轻疲劳。

因此，相关科学研究表明，长期居住于木屋的人，由于温湿度适宜、身体放松、心情舒适，所以平均可以延长寿命10年，而大面积使用地暖实木地板等实木家居产品，也能为用户带来类似的保健价值。

五、宜居价值

地板在现代居室中，处于产品空间分布的最底层，在使用中通过直接接触的方式与居住者进行互动。所以地材材质本身的物理性能除直接影响其产品舒适度外，也在很大程度上会决定家居环境的宜居程度。

在这一方面，由于日本民居多采用木质建筑和木质建材，所以众多日本学者对于木材对人居品质的影响有着大量的研究。他们通过长期的生物实验发现，木质材料对生物体的生理性状具有良好的调节作用，优于混凝土与金属。而在木质环境对人的心理影响方面，日本京都大学博士增田稔研究了木材率（建材和建筑使用木材

图1-29 室内使用地暖实木地板可大幅提升居住者生理和心理舒适度

的百分比）与视觉心理量之间的关系，得出结论：①木材率与温暖感之间的关系：随木材率增加，温暖感的下限值逐渐上升，而冷感逐渐减少；当木材率低于43%，温暖感的上限随木材率的上升而增加，但当木材率高于43%时反而会下降。当室内空间平均色调在2.5YR附近时，温暖感最强。②木材率与稳静感之间的关系：稳静感的下限值随木材率上升而提高，但其上限值与木材率无明显关系。③木材率与舒畅感之间的关系：木材率较低时，舒畅感不明显，随木材率上升，舒畅感下限逐渐提高，上限保持比较稳定。在钢筋混凝土住宅内人们感觉比较压抑的人数居多，这点说明，钢筋混凝土住宅的居民，在"郁闷"这种精神疲劳特别是气力衰退项目上，心理压抑呈现较高的状态。另一项有关木质建筑材料对教室内环境影响的研究调查表明，不管春夏秋冬，用混凝土建造教室引起的学生们的身体不适者会较木质教室高，在混凝土造教室的学生有发生慢性精神压力的危险。

在木质环境对人的生理影响方面，日本千叶大学健康环境领域科学中心教授宫崎良文运用官能评价和心理生理测量的方法，从植物性神经系统、中枢神经系统生理指标的变化上探讨了木质环境与人的自然舒适感的关系，其结论认为：无论是在精神层面还是在生理影响上，木质环境均能营造对人有利的自然舒适感。

此外，环境温度对木材影响较小，一年四季木材都给人以适当的冷暖感。人接触地板时，依地板材料（木质、混凝土、PVC塑胶地板）不同，造成脚背皮肤温度随接触时间引起变化，在室温18℃条件下试验测定结果：皮肤温度降低以混凝土最大，其次为塑胶地板，木地板最轻微。因此采用实木材质的地暖实木地板在接触人体时，会有极佳的冷暖感。

而在接触软硬感方面，木材在硬度上属于中间或稍硬的材料，针叶材的平均硬度为34.3MPa，阔叶材的平均硬度为60.8MPa；木材的端面、弦面和径面的比较，通常端面硬度高于弦面和径面硬度。作为一种高分子物体，木材还能产生弹性和塑性变形，可让人有舒服感。在外力作用下，相邻微纤丝分子链之间发生滑移，细胞的壁层相应变形；随外力的撤销，微纤丝分子链回归原位置，变形恢复。这就是用户在对比硬质地材和地暖实木地板脚感时，普遍感觉地暖实木地板有弹性，脚感更舒适的原因所在。

在隔音静音方面，任何材料都具有一定的吸音能力，只是吸音能力大小不同而已。通常坚硬、光滑、结构紧密的材料吸音能力差，如瓷砖、石材、金属等；粗糙松软、具有相互贯穿的内外微孔的多孔材料吸音能力好。木材为多孔性吸音材料，材质硬度适宜，纤维结构细密，其隔音降噪的能力，明显优于水泥、瓷砖和金属，因此具有吸音、隔音、降低音压、缩短残响时间的功能，让家居更加宁静、舒适，可减少噪音公害对居住者的不利影响。相关研究表明，实木地板、木质天花板和木质家具都是理想的隔声材料，在环境噪声控制方面比较有利，能创造较好的室内声环境。以采用地暖实木地板为例，可降低室内噪音达10dB。

综上所述，在居室内大量选用地暖实木地板等木质家居用品，可以有效提升宜居价值，明显提高居住者的生理和心理舒适度。

六、美学价值

木材是天然的材质，其年轮纹理是自然界天生的"设计"，天真淳朴、独一无二。而且每一种珍贵原木，都有其独特的纹理、色彩和脉络表现，无论何时都不会落伍（见图1-28），其审美趣味堪称永远高端，而这些是任何的人造材料无论如何都不可能达到的。

木纹是天然生成的图案，它是由生长轮、木射线、轴向薄壁组织等解剖分子相互交织而成，且因其各向异性，当切削时会在不同切面呈现不同图案，在木材的弦切面上呈现抛物线状花纹，径切面上呈平行的带状花纹。木纹给人以良好感觉有多方面的原因：①在色度学上，绝大多数树种的木材表面纹理颜色都在YR（橙）色系内，呈暖色，是产生"温暖"视觉感的重要原因。②图形学上，木纹是由一些平行但不等距的线条构成的，给人以流畅、井然、轻松、自如的感觉，赋予了木材以华丽、

图1-30 每一种珍贵原木都有其独特的纹理、色彩和脉络表现，永远都不会落伍

图 1-31 地暖实木地板可与任何软装完美搭配

优美、自然、亲切等视觉心理感觉。③在生理学上，木材纹理沿径向的变化节律暗合人体生物钟涨落节律。④木纹图案由于受生长量、年代、气候、立地条件等因素的影响，在不同部位有不同的变化，这种周期中蕴藏变化的图案，充分体现了造型规律中变化与统一的规律。木纹图案用于装饰室内环境，百看不厌的原因就在于此。

除了纹理的美观，由木材生产制造而成的地暖实木地板还具备光泽度的独特美学价值：当强烈的太阳光照射到贴有白色瓷砖的建筑物上时，强烈的反射光线会让人难以睁眼，这是因为白色瓷砖片对光线形成定向反射，且反射率达80%～120%，而人眼感到舒服的反射率为40%～60%。木材较其他材料具有较柔和的表面光泽度。通过对木材表面光泽度的研究，发现木材具有较强且各向异性的内层反射现象。木材是多孔性材料，木材表面是由无数个微小的细胞构成，细胞切断后就是无数个微小的凹面镜，在光线的照射下，会呈漫反射或吸收部分光线，这样不但会使令人晕眩的光线变得柔和，而且凹面镜内反射的光泽还有着丝绸表面的视觉效果。因此，尽管人们正在不断研究代用木材的仿制品，但目前仿制品仍然代替不了真实木材所带来的美观感受。

正由于木材具备以上独特、优美的视觉特性，加之现代木材加工、设计能力的不断提高，包括地暖实木地板在内的实木材质家居产品，更加呈现出不可取代的人文魅力和美学价值，从而成为了众多高端用户的首选。

第二章 地面辐射供暖

地面辐射供暖是指以低温热水为热媒或电力为加热源,通过埋设于建筑物地板中的加热盘管或加热电缆等电热元件,以对流、传导或辐射传热的方式提升地板表面温度,形成热辐射面,以辐射传热为主、对流传热为辅的方式,给建筑物、室内的物体、人供暖的技术。地面辐射供暖简称地暖。

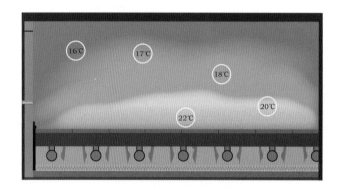

图 2-1 地暖环境下垂直温度分布图

第一节 地暖的发展历史

地暖是一种既古老又崭新的技术,形成于 20 世纪 50 年代的欧洲,70 年代引入亚洲,与韩国和日本的供暖方式相结合,得以提高、完善。我国于 20 世纪 90 年代初引进,并在北方地区逐步推广采用并向南方发展,经过近三十年的历程,地暖普遍被认为是一种最理想的供暖方式。

二千年前的古罗马人、朝鲜人利用烟气加热烟道、地板来对房间辐射供暖。我国汉代就有了利用烟气作为介质进行辐射供暖的设备。《三辅黄图·未央宫》记载,在西汉王朝政治中心的未央宫,就专门设置有"温室殿":"温室以椒涂壁,被之文绣,香桂为柱。设火齐屏风,鸿羽帐。规地以罽宾氍毹。"其后,这样的采暖方式开始在中国古代的皇亲贵戚、高官富贾阶层中流行,并发展出多种形式。由于他们坐拥雄厚财力和社会资源的调度能力,所以普遍在建造房子时通过火沟、烟道、地龙、火墙、地炕把烟气热量传到室内,使室内产生温暖的效果(见图 2-2)。近期在圆明园中长春园内的延清堂遗址考古工作中发现的粉彩地砖,其中间空心,周围钻有蜂窝状小孔,

图 2-2 故宫宫殿地龙供暖

图 2-3 北方农居火炕供暖

被证实是当年的地暖地材。清朝统治者来自关外，气候极端寒冷，具有丰富的冬季取暖经验。所以清代较为高级的建筑，往往将墙壁砌成空心，然后在下面挖出火道，在屋外烧柴取暖，这种形式被称为"火墙"。但延清堂如此大规模的建筑，光有火墙取暖是不够的，于是古代工匠发明了地暖的形式，原理与火墙相同，但取暖效果和舒适度得到了进一步的提升。中国北方农村的火墙、火炕，作为辐射供暖，一直到现在仍然被部分地区采用（见图 2-3）。

现代辐射供暖开始于 1790 年英国银行。1907 年，英国教授 Arthur H.Barker 到东北传教，受到东北火炕的启发，发现将热水管道埋入地板，可以达到很好的供暖效果，并首先申请了"水暖床"的专利。19 世纪 30 年代，美国著名的建筑设计人师莱特受"水暖床"这个发明激发出灵感，发明出不高于 60℃ 热水的铜管地暖。同时代，前苏联工程师亚希莫维奇也组织完成了十几个辐射供暖系统。随后，辐射供暖在欧洲普通建筑中得以大规模的采用。1937 年，美国 Frank Lloyd Wright 在一栋名为 Johnson Wax 的建筑中安装了辐射供暖系统，截至 1940 年，美国建筑名录上记载了 8 栋安装辐射供暖系统的建筑。20 世纪 80 年代，瑞士 GEOGRE、FLSCHER 公司利用美国 SHELL 聚丁烯原料生产出小口径 PB（聚丁烯）管材，开创辐射供暖使用塑料管先河，接着出现了各类塑料管。

20 世纪 50 年代末期，举世闻名的人民大会堂在建设时，由于其空间高大和使用条件的限制，设计采用地暖，由于金属管的漏点维修困难，最终改为散热器。此外，大观园酒店、华侨饭店一些大型建筑等公共场所也采用了地暖。

在我国，虽然地暖应用在住宅建筑中起步较晚，但随着国内新材料加工技术的引进和发展，以及人们生活水平的提高，目前人们对辐射供暖系统的需求也正在日益提高。尤其是在我国北方大部分地区，供暖期普遍较长，少则 4 个月，多的达 6 个月之久，进入 10 月份后，气温开始下降，冬季供暖就成为该地区的基本生活需求；

在经济发达的南方地区，地暖也为越来越多的家庭所接受，发展飞速。地暖广泛应用于学校、住宅、教堂、办公楼和飞机维修作业间等。

第二节 地暖的原理

辐射供暖的辐射表面对外发射可见和不可见的热射线，热射线为波长 $0.4 \sim 40 \mu m$ 的电磁波，一般物体的热辐射波长为 $0.76 \sim 20 \mu m$。

辐射供暖中所指的红外线，是存在于可见光的红光外侧（波长较长），用肉眼看不到的光的总称，这也是之所以称为红外线的原因。红外线是光的一种，具备光的基本性质。由太阳辐射出的红外线，与可见光等其他光线一同穿过宇宙空间，到达地球，适度地提高了地球的温度。这种红外线易于被各种各样的物体吸收，被吸收之后则转化为热量，是一种具有较强加热效果的光。由于具有较强的这种性质，红外线有时也被称为热线。当我们的脸或手朝向太阳或火炉时，能感觉到温暖，就是因为吸收了红外线（见图2-4、图2-5）。

来自供暖设备辐射面的红外线也一样，以光速传递，以直线传播，有方向性。一般来讲，室内空气对辐射热是不吸收的，辐射热穿过室内空气时，强度不衰减，不直接影响空气的温度，但室内空气中水分和尘埃会吸收热量。

地暖就是地板具有温度适宜的辐射面，在室内进行辐射传热为主的供暖方式。

一、地暖的热传递方式

热传递有三种方式：辐射、对流和传导（见图2-6）。

1. 辐射

当原子内部的电子受温和振动时，产生交替变化的电场和磁场，通过电磁波或粒子形式传递能量的方式称为辐射。

图2-4 篝火取暖

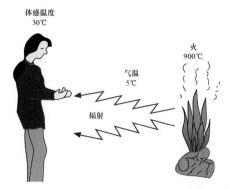

图2-5 人对着火堆（空气温度低）感觉到辐射温暖

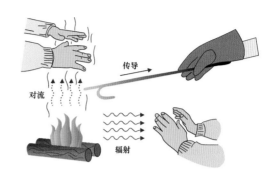

图 2-6 三种热传递方式示意图

因自身温度或热运动的原因而发出辐射能的现象称为热辐射。热辐射是自然界中普遍存在的热交换形式，属非接触传热，非电离辐射，低温地板辐射供暖中的热辐射交换热量对人体健康不构成任何伤害。

辐射传热中受热地面发射到室内的红外线，直接被室内的空气吸收的比率很低，大多被墙壁、顶棚、家具和室内的人等吸收，受热的墙壁、顶棚、家具等表面再辐射人体，间接加热室内空气。

2.对流

对流是指物体各部分之间发生相对位移，冷热物体相互掺混所引起的热量传递。如冷热物体通过中间介质相接触，冷的液体或气体因遇热膨胀而密度减小不断上升，变为热的液体或气体并形成循环流动。仅发生在流体中，而且必然伴随有传导现象。

地暖方式中，由于对地板表面、室内物体表面、围护结构表面温度提高，与附近室内空气存在温差，有小部分对流传热发生。

人在地暖环境中，还通过呼吸散湿、皮肤汗液蒸发形式的对流传热。

3.传导或导热

传导或导热是指物体各部分之间不发生相对位移，依靠分子、原子及自由电子等微观粒子的热运动而引起的热量传递。

如物体内部热量从温度较高的部分传递到温度较低的部分，以及温度较高的物体把热量传递给与之接触的温度较低另一物体，必须依靠中间物体的接触。

人站在地暖地面上，通过脚部接触热辐射地面会有小部分传导热。

二、地暖的温度要求

地暖作为唯一让人常常接触加热、放热面的采暖方式，必须充分考虑作为地暖的装饰面层温度。

1. 地面装饰面层温度

作为发射辐射热的地面装饰面层，由于人可能会躺在上面，其温度必须要保证安全性。

（1）必要的温度

通常，如果室温保持在20℃，考虑到房屋的热损失和人体舒适性，装饰面层的表面温度范围为26～30℃。

（2）安全的温度（闭塞温度）

考虑到人体直接躺在地面熟睡的情况，必须保证地面温度不会发生低温烧伤，一般不超过35℃。人长时间躺在地面上的情况下，来自地面的放热被人体挡住，地面的温度就会上升。这种情况下上升的地面温度称为闭塞温度，是安全温度的目标。

被地毯等隔热材料阻挡放热的情况下，作为针对低温烧伤的安全温度，建议闭塞温度为42℃。

（3）舒适的温度

人会用出汗来调节体温，在地面温度过高的情况下，足底也会出汗，这种状态很难有舒适的感觉。一般情况下，33℃左右人体会出汗，所以地面温度最好不要过高。

进行地暖的热设计时，必须将室内的地面温度控制在30℃以下。并且，为了提高安全性，在提高房间的隔热性能、降低热损失、扩大取暖器的设置面积、降低取暖器的发热量等方面的努力也是必要的，并且为有效的。

2. 室内空气温度

辐射供暖的室温与空气进行加热的对流供暖方式相比，设计室温可低2～3℃。由于辐射热直接作用于人体，作为效果温度所表现出来的温度，与实际上人体感温度很接近。

一般情况下，应将室温控制在18～22℃，在以小孩子为对象的幼儿园等地方，可选择较低的温度，大约16℃左右。

由于地板表面温度与室内温度相互关联，不可能各自自由地设定。如果要求较高的室内温度，地板表面温度也必须提高，也就会有牺牲舒适度的风险。因此，越是要求较高室温的设施，对建筑物隔热性能的要求也越高，以确保地暖不在很高的地板表面温度下运转，也能取得较好的室内温度。

3. 效果温度（体感温度）

效果温度用来表示人体通过辐射采暖所感觉到的温暖的温度。与对流采暖相比，即使室温控制低2～3℃，也能取得很好的采暖效果。

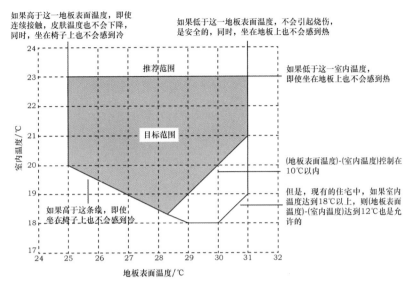

图 2-7 采用地板采暖系统时的地板表面温度与室内温度的推荐范围

注：来源于（日）空气调和、卫生工学会：关于地板采暖舒适性评价的研究

4. 接触温感

采用地暖，人与热源直接接触，接触到温暖的地面会有温暖的感觉，叫接触温度。但因为立、坐、卧，有多种不同的接触形态，要作出评价非常困难，设计时可不作考虑。

5. 地暖温度的舒适推荐范围

地暖在实际应用的时候，让人感到舒适的最佳温度为室温 20℃ 左右，地面装饰面层温度 26 ～ 30℃。不过，由于住宅的构造、窗户等开口处、地板表面材料、生活方式、过去住宅的环境、个人爱好等因素的不同，也会存在个人差别。

地板表面温度与室内温度是与舒适性相关的温度，考虑到个人差别的存在，可以将其设定在一定的范围内。

以此为课题，1994 年，日本空气调和、卫生工学会关于地板采暖舒适性评估的研究委员会曾做过研究，在此以这一研究数据作为参考并引用。

在采用地板采暖系统的基础上，从健康、舒适的角度考虑，在实际使用的时候地板表面温度与室内温度的推荐范围如图 2-7 所示。

由图可知，采暖系统运行时，地板表面温度高于室内温度的情况下，会比较舒适。也就是说，即使是高度密闭、高度隔热住宅，地板采暖系统的舒适推荐范围也应当是在地板表面温度为 25 ～ 31℃，室内温度为 18 ～ 23℃ 的时候。

《木质地板铺装、验收和使用规范》（GB/T 20238—2018）国家标准建议：地板表面的温度不能超过 27℃。

第三节 地暖的特点

由于地暖在室内形成脚底至头部逐渐递减的温度梯度，从而给人以脚暖头凉的舒适感。地暖符合中医"温足而顶凉"的健康理论，是目前最舒适的供暖方式，也是现代生活品质的象征。

地暖是目前较为舒适、健康并且日益普及的供暖方式，与其他供暖方式对比具有如下特点。

一、舒适宜人，干净卫生

地面温度提高，可有效促进人体血液循环，改善新陈代谢，尤其适合老人和孩子。对人体热舒适性的研究表明，理想的温度梯度应该是头部、胸部比足部略低一些，即所谓正向温度梯度场。传统散热器供暖或空调供暖以对流传热为主，造成室内温度梯度与正向温度梯度场成相反态势，使人产生头热脚凉的不舒服感。地暖的加热盘管敷设于整个房间地面下，以辐射传热为主，热量由下向上传递。室内地面温度均匀，温度梯度合理，使人足温头凉、倍感舒适（见图2-8）。同时，地暖热媒温度相对较低，避免了室内空气的强烈对流，空气流速低，大大减少了因对流所产生的尘埃飞扬对室内空气的二次污染，消除了散热设备和管道积尘对室内微气候的影响，达到良好的卫生效果。

二、节约能源，保护环境

人体的热舒适感主要取决于人体体感温度，它是室内平均辐射温度和室内空气温度综合作用的结果。当采用地暖时，由于地面温度的提高，室内平均辐射温度也会提高，因此将室内设计温度降低2～3℃，仍可得到同样的热舒适效果。填充层热

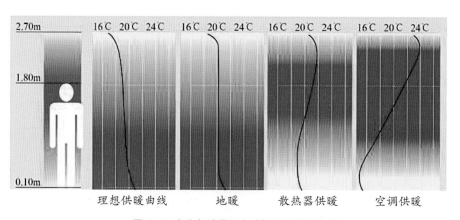

图2-8 室内各种供暖方式的垂直温度曲线

阻小于空气热阻，与人体换热环节少，无效热损失少，热效率高，耗热量可减少约15%～20%。此外，地暖系统的供水温度低于散热器供暖系统，热水在输送过程中热量损失少。如能有效利用热泵、太阳能、地热等低品位（品位即能源品位，指能源所含有用成分的百分比）热能，可进一步节省能量。

三、不占面积，隔声减噪

地暖的加热管或加热电缆，均敷设在地面装饰面层下，相比传统散热器对流供暖，室内没有散热器及立支管，供暖设备不占使用面积。房屋装修简洁，家具摆放方便，为使用者提供了更大的活动空间。此外，由于地面供暖管线和填充层的敷设，房间上下层之间的隔声性能明显提高。地暖可在很大程度上减少楼板的撞击噪声，让建筑的使用环境更加安静。

四、使用长久，维护方便

敷设在地面装饰面层下的加热管或加热电缆，其使用年限与建筑的使用年限几乎相同。地下盘管没有接头，只集中在分、集水器处，减少水的"跑、冒、滴、漏"现象，维修管理简便，加热管耐腐蚀。选择合格的地暖管，正确设计、施工、使用，其寿命可达到50年以上，与建筑物同步，可以说是一次安装，几乎无须维修。即便由于长年使用，管道内有杂物沉积，也可请专业人员清理、疏通，维修工作量极小。

五、热源选择灵活

热源既可利用热力网、局域锅炉房热水、燃气壁挂炉热源，又可充分利用集中供暖回水、余热水、垃圾焚烧站、太阳能集热水、空调回水、地热水、浅表地能

图 2-9 铺设地暖的室内更舒适

和空气能（地域和条件限制）、电能等。可充分利用低品位能量或自然能源，如：30 ~ 35℃的低温太阳能热水或各类低温余热，可采用低温热泵供暖，提高供暖供冷效率。

六、热稳定性好

由于地板和围护结构热惰性好，室温均匀稳定，蓄存热量较多，在间歇供暖或开门（窗）通风的情况下，能够利用其自身调节室温。

第四节 地暖的分类

一、根据热源不同分类

1. 水地暖

以低温热水作为热媒，地面下埋设水管的系统，称为低温热水辐射供暖，简称水地暖。

2. 电地暖

以电作为能源，地面下埋设加热元件（电缆、电热膜等）材料的系统，简称电地暖。

二、根据施工中有无填充层湿式作业分类

1. 湿法地暖

湿法地暖的做法是在钢筋混凝土楼板面或地面基层上先以水泥砂浆找平，铺设绝热层，铺装加热管道的盘管，并用塑料卡钉或钢网捆绑扎带将盘管固定，然后浇

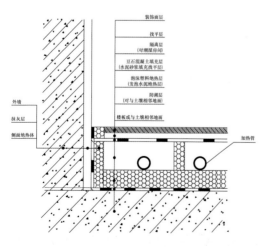

图 2-10 采用塑料绝热层（发泡水泥绝热层）的混凝土填充式热水供暖地面构造

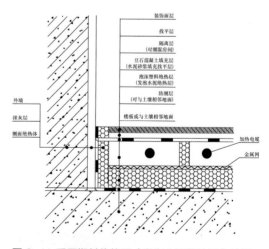

图 2-11 采用塑料绝热层（发泡水泥绝热层）的混凝土填充式加热电缆供暖地面构造

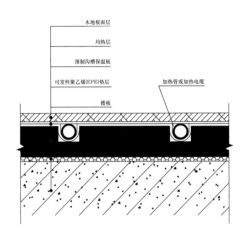

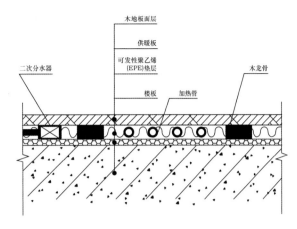

图 2-12 预制沟槽保温板式供暖地面构造　　　图 2-13 预制轻薄供暖板式供暖地面构造

表 2-1　湿法与干法地暖的性能区别对比表

	层高占用	绝热层厚度	施工难度	升降温速度	建筑物承重重	造价	可选地材
湿法地暖	5～8cm	2cm聚苯板	工序复杂	慢	重	低，但需要增加回填费用	地板或地砖
干法地暖	4～4.5cm	3cm嵌入式聚挤塑板	施工方便	快	轻	高	地板

筑 40～60mm 厚的混凝土作为填充层，地面装饰层则根据用户的要求在填充层上铺设地砖、花岗岩或地板等（见图 2-10、图 2-11）。

2.干法地暖

干法地暖的做法是采用保温板、预制沟槽保温板、薄型模块板，将加热盘管置于基层上的保温层上或管槽中、保温模块板凹槽或榫舌中、导热板槽中、保温层与带龙骨的架空地面装饰层之间、拼装工厂预制好一定面积一定发热量的带加热管的供暖板，上面不设混凝土填充层直接铺木地板面层（见图 2-12、图 2-13）。干法地暖和湿法地暖的对比见表 2-1。

第五节 水地暖系统

一、概念

低温热水辐射地面供暖简称"水地暖"，是以温度不高于 60℃ 的热水为热媒，在埋设于地板下的加热管内循环流动加热地板，通过地面以辐射传热为主和对流传热为辅，向室内供暖的方式。

二、类型

1. 标准地暖

标准地暖又称80式地暖，保温层和混凝土层填充厚度约80mm，加热盘管16～20mm，温差约10℃。

2. 轻薄地暖

轻薄地暖又称预制轻薄供热板地暖，属于干法地暖。采用外径7～9mm的盘管，通过小分配器连接到外径10～11mm的主供回水管，厚度24mm，温差约8℃。工厂预制好一定规格、一定发热量、一定面积的板块，按照使用条件现场拼装，盘管接头承插连接，分配器及连接件要求高，施工快，质量有保证。轻薄地暖陆续发展成多种现场敷设加热管的薄型地暖，采用预制沟槽保温板、成型模块板或供暖板。

3. 毛细管网地暖

毛细管网地暖又称超薄地暖，采用外径3.5～5mm的毛细管和外径20mm供、回水主管构成管网，可安装在地面、墙体、天棚，供暖供冷。

三、组成

（一）热源

因水地暖采用不高于60℃低温热水为热媒，热源范围较广。

1. 对于集中（区域）供热水

对于集中（区域）供热水，利用电、燃气、燃煤、燃油锅炉、垃圾焚烧炉等能源加热。

2. 生活或电厂等工业的余热水

生活或电厂等工业的余热水可通过回收装置回收利用。

3. 热泵

热泵是一种能从自然界的空气、水或土壤中获取低品位热，经过电力或其他动力驱动做功，输出可用的高品位热能的设备，可以把消耗的高品位电能转换为3倍甚至3倍以上的热能，是一种高效供热技术。主要有空气源热泵和地源热泵两种。

（1）空气源热泵

空气源热泵是利用空气中的热量作为低温热源的一种压缩式热泵，以制冷剂为媒介，制冷剂在风机盘管（或太阳能板）中吸收空气（或阳光）中的能量，再经压缩机制热后，通过换热装置将热量传递给水，来制取热水，即低温侧吸收空气的热量，由高温侧制取热水，热水可以通过热水循环系统进行供暖（见图2-14）。

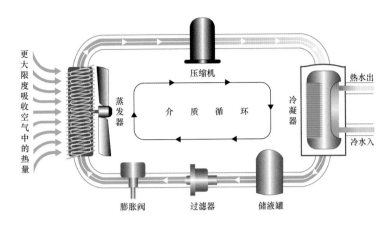

图 2-14 空气源
热泵系统

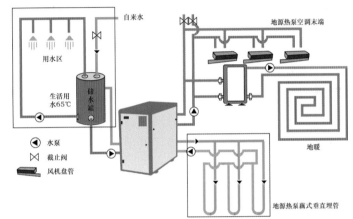

图 2-15 地源热
泵系统

（2）地源热泵

地源热泵是指冬季利用水与地能（地下水、土壤或地表水）进行热交换来作为热泵的热源（见图 2-15）。

4. 燃气壁挂炉

燃气壁挂炉是以天然气等作为燃料，燃料经比例控制输入与空气混合，在燃烧室内燃烧后，由热交换器将热量吸收，供暖系统中的循环水在途经热交换器时，经过往复加热从而不断将热量输出给输配系统，为建筑物提供热量。一般的两用燃气壁挂炉除了具有供暖功能，兼具热水功能，即除了供暖外，还具备燃气热水器的功能（见图 2-16）。

（二）分、集水器

分、集水器是由分水器和集水器组合而成的水流量分配和汇集装置。用于连接各路加热管与供回水的配水和汇水。分、集水器是地暖中各环路的分合部件，它具有对各供暖区域分配水流的作用。同时它还是金属部件与塑料管的连接转换处，以

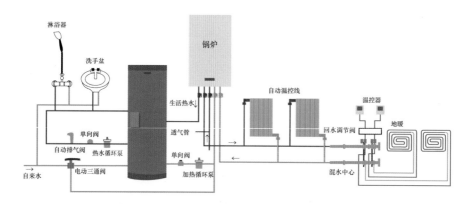

图 2-16 壁挂炉采暖系统

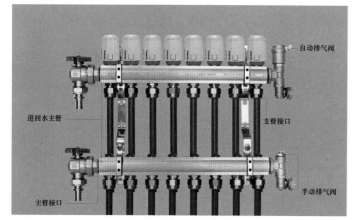

图 2-17 分、集水器

及系统冲洗、水压试验的泄水口（见图 2-17）。

分、集水器的作用主要为以下两点：

（1）将供水按需要进行流量分配,保证各区域分支环路的流量满足供暖负荷要求。同时,将各分支环路的水流汇集至回水主干管,实现循环运行。

（2）接驳各种调控功能件（手动调节阀、内置阀芯、电热阀、可视流量计、排气阀等），便于实现建筑各功能区域（房间）各分支环路按需供热的调节与控制。

（三）温控系统

为了保证地暖系统的舒适性、安全性和管材的使用寿命,规范约束水地暖系统采用供水温度最高 60℃,当供水温度超此限制时必须采取换热或混水降温等温度控制措施。

水地暖系统通过间歇运行调节、水温调节和流量调节手段,实现温度控制分热源控制、水温控制和室温控制。技术规范也强调：水地暖系统应在热源处设置供热温度调节装置。而控制地面温度最好的方式是调节供水温度,而不是调节供水流量,完整的温控系统应有水温控制装置如混水控制，对某些区域的控制可以考虑流量控制。

（四）保温绝热材料

地暖系统中绝热层的作用是用以阻挡热量传递，减少热损失，以达到节能的目的。水地暖系统的保温绝热材料一般为聚苯乙烯泡沫塑料板（EPS 和 XPS）、聚氨酯泡沫塑料板（PU）、聚乙烯板（PE）、聚氯乙烯板（PVC）、发泡混凝土等（见图 2-18）。

（五）加热管材

加热管材是地暖系统的重要组成部分，其选择和安装尤为重要。加热管材的使用寿命和质量基本上可以决定地暖系统的使用寿命，因此，选择耐用、质量优异的加热管材十分重要。目前比较常用的地暖塑料管材有 PE-Xa、PE-Xb、PE-Xc、PE-RT Ⅰ、PE-RT Ⅱ、XPAP、PB 管等，还有阻氧管、金属管（铜管）（见图 2-19）。

（六）填充层

填充层起到保护、固定加热管道的作用，还是传递热量的主要渠道。混凝土层能够使热量均匀分布，减少出现局部过热或过冷的情况，同时蓄积热量，增强地面结构承重强度，保护绝热层（见图 2-20）。

水地暖填充层有细石混凝土和水泥砂浆，一般细石混凝土用粒径 12 ～ 15mm 卵石或粒径 10 ～ 12mm 豆石，标号通常为 C20，水泥砂浆强度等级为 M10。

第六节 电地暖系统

一、概念

电地暖是指将特制的加热电缆或其他电热元件敷设于房间地面构造层内，当通电后，其工作温度在 40 ～ 60℃条件下，将电力能源转化为热能，通过地面装饰面层

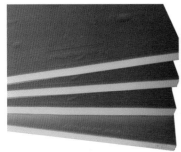

图 2-18 保温绝热材料　　　　图 2-19 加热管材　　　　图 2-20 填充层

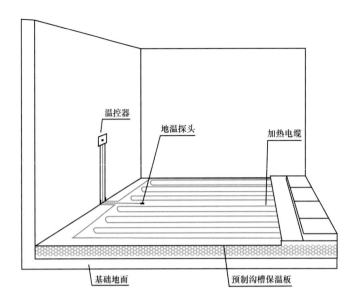

温控器

地温探头

加热电缆

基础地面

预制沟槽保温板

图 2-21 电地暖系统

作为辐射散热面，把热量主要以辐射方式传递至房间而达到供暖目的供暖方式。电地暖系统中，电能转换为热能的热效率可达 99% 以上，其中辐射换热量约占总换热量 60% 以上（见图 2-21）。

二、组成

电地暖系统由配电系统、温控系统、加热元件、绝热材料、填充层组成。

（一）配电系统

配电系统的作用是为电地暖提供独立的、安全可控的电能供给。由于电地暖系统属于季节性使用的电气系统，其配电系统相对独立，使之既可在非采暖季自由关闭，也可确保其正常供暖而不受室内的照明及其他日常的用电系统的故障所影响。配电系统应严格按照设计要求配制，以确保其安全有效的运行，并且在电地暖系统运行出现异常时，可自动、快速、有效地分断电路。

（二）温控系统

温控系统是一种对室内温度调控的装置，是地暖控制系统的中枢神经。它在正常工作条件下，使其控制的温度保持在一定值范围内。

电地暖温度调控是用温控器来控制通电、断电的时间周期。电地暖系统要安全节能的运行，必须辅有温控装置，即通过中心部件温控器实现调控。常用的温控器基本都是电子温控器。通俗来讲，基本的工作原理是通过感温探头采集室内温度，然后把采集到的温度同设定要求的温度比较，当采集温度低于设定温度，温控器工作，发热体通电加热;相反,当采集温度大于或等于设定温度,温控器工作,发热体断电,系统停止加热。如此往复循环运行,使室内温度保持在设定值范围内。可见,系统的运行是断续型的而不是调节功率型的,控制基本上都是开关调节控制方式,即只要是在通电状态下,电缆的发热功率就基本恒定,实现全功率加热。

电地暖系统地面上家具遮挡覆盖热阻加大、加热电缆直接接触绝热层等热量富集,会导致局部过热、绝缘老化、炭化后产生漏电击穿等隐患,须设置过热保护。

为确保安全,电地暖温控应该采用双温双限控制,不仅控制室内温度,也要控制电地暖温度。

(三)加热元件

1. 加热电缆

由冷线、热线和冷热线接头组成,其中热线有发热导线、绝缘层、接地屏蔽层和外护套等部分组成(见图2-22)。

2. 电热膜

电热膜是由电绝缘材料与封装其内的发热电阻材料组成的平面型的发热元件(见图2-23)。

(四)保温绝热材料

电地暖保温绝热材料基本与水地暖保温绝热材料相同,但要注意发热电缆线功率基本恒定,表面均匀散热,如被压入绝热材料中,热阻很大,仍然发热会导致局部升温过高,影响电缆的寿命。

(五)填充层

一般针对湿法地暖铺设。填充层厚度一般不宜小于35mm。

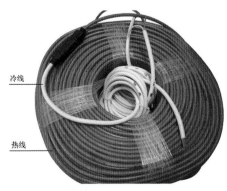

图2-22 加热电缆

图2-23 电热膜

第三章 地暖实木地板的优势表现

第一节 地暖实木地板的定义与发展历程

地暖实木地板是"地采暖用实木地板"的简称和规范商用名称。根据《地采暖用实木地板技术要求》（GB/T 35913—2018）国家标准的定义是指：铺设在地面供暖系统上由木材直接加工的实木地板。这一概念，是国家标准在制定时基于适用性原则所作的广义界定，也是地暖实木地板的宽泛定义。

广义的地暖实木地板如按照连接方式分类，可分为：锁扣地暖实木地板、榫接地暖实木地板、连接件地暖实木地板。

榫接地暖实木地板，其实就是采用自身稳定性极佳的材种生产的产品，原料限制极大，可选择余地很小。而连接件地暖实木地板，相比于锁扣技术的"自连接"，额外需要粘扣、钢夹等连接件来进行紧固。因此以锁扣连接、悬浮铺装为主要技术特征的第三代锁扣地暖实木地板，相比前两者具有明显的先进性优势，从而成为了当前地暖实木地板的主流技术方案，并占据最大的市场份额。因此根据当前市场现状，以及主流技术发展的趋势，在地板行业日常所指的"地暖实木地板"即为锁扣地暖实木地板，换言之，锁扣地暖实木地板在狭义上已经等同于地暖实木地板。因此本指南除本章外的其他各相关章节，如非特殊说明，所写到的"地暖实木地板"即为锁扣地暖实木地板。

在地暖上使用实木地板的需求由来已久，但我们从实木地板发展简史中已经得知：在第三代实木地板技术发明前，传统实木地板无论是铺装方式，还是稳定性能，都无法满足地暖环境的要求，因此消费者只能选择瓷砖等硬质材料作为地暖地材，或者退而求其次，使用复合类的地板。但这些替代方案都不够完美，无法全部满足"健康舒适、环保低碳、稳定耐用、格调高雅、使用便捷"的用户需求。因此，2002 年天格发明地暖实木地板后，市场先后经历了怀疑、尝试、认同、推荐、风靡的过程，先是从国外市场开始，然后是国内地暖用户和高端用户，再到如今的趋于普及，逐渐于十几年的时间内成为当下最受青睐的地暖地材及室内高级地材，其发展过程共分为以下几个阶段。

一、技术研发与验证阶段（2000 ~ 2006 年）

2000 年，实木锁扣技术诞生，奠定了地暖实木地板的核心技术。2002 年，整合多项专利技术的锁扣型实木地板，首次长期、稳定地应用于地暖环境，并成功实现了商业化，由此宣告地暖实木地板品类被成功发明。

对于高价格、耐用型的商品而言，新一代产品的兴起，往往都会伴随着一个坎坷的开始：地暖实木地板刚刚出现时，在国内市场上并没有理所应当地获得与其技术领先地位相匹配的销售业绩和市场地位。除当时地暖在国内普及度不高的客观原因外，关键在于业界和消费者对于地暖实木地板普遍并不看好。究其原因，就是传统实木地板已经在公众心目中留下了容易发生开裂、变形、起拱等一系列稳定性问题的刻板印象。地板行业人士，也包括一些在实木地板领域钻研了数十年的专家，

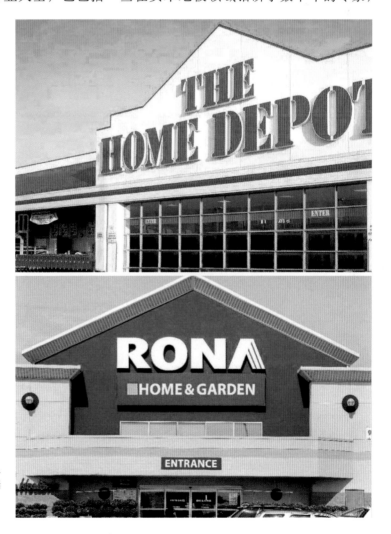

图 3-1 地暖实木地板率先入
驻欧美顶级市场，赢得了高端
用户的青睐

都认为实木地板限于湿胀干缩的材料特点，即使在普通环境下也要悉心打理、小心维护，否则就会动辄变形；要使其稳定应用于地暖这样的极限环境，是不可能的任务，"实木地板不能用于地暖环境"几乎成为当时行业的"共识"。

为防止出现售后问题，当时地板销售终端，也都会宣传这一观点，以阻止用户在地暖环境使用实木地板。在这种广泛、长期的反向市场教育的持续熏陶下，加之原有实木地板用户不佳的消费经验，"实木地板不能用于地暖环境"也深入到了消费者的心中，成为所谓的"常识"。所以，即便地暖实木地板从技术原理和应用实践两大层面，科学地证明了自身在稳定性上的突破性提升，但业界和消费者限于错误观念，对其能够很好运用在地暖环境中的事实依旧抱以怀疑的态度。地暖实木地板在初期的推广难度可想而知。

扭转用户的认知，是非常困难的。最有力的说服，就是从高端市场入手，用事实来证明自身的价值。2002年地暖实木地板被成功发明和商业化之后，开始率先走向国外。2003～2004年，欧洲、北美7大国家的代理商，以及美国地板协会（NWFA）会长开始成为地暖实木地板的代理商，在所在国家进行销售推广。在欧美国家，地暖普及率高，消费理念先进，全新的地暖实木地板技术一经进入，就逐渐赢得了这些世界高端市场用户的青睐。因此，地暖实木地板进驻欧美时，美国第一大建材超

图 3-2 美国纽约 ABINGTON-HOUSE 酒店

图 3-3 拉斯维加斯 Palms Place 酒店

市 HOMEDEPOT、加拿大最大的家居连锁店 RONA、世界 500 强企业法国圣戈班旗下超市 LAGRANGE、英国地板第一品牌 FLOORS-2-GO 等知名建材商在对该产品进行深度评测与考察后，都将其作为了战略合作的品类，给予其充分的信赖。

　　得益于国际高端地板销售与服务渠道商的支持，2003 ～ 2010 年，从巴黎第一区、第二区商业地产，到伦敦商业中心；从纽约曼哈顿高级公寓，到拉斯维加斯 Palms Place 酒店——在全球 26 个国家和地区的高端场所，来自中国的地暖实木地板为约 10 万用户提供了健康舒适的生活。通过这些高端客户的验证，以及这些高端案例的实证，地暖实木地板的技术可靠性得到了无可置疑的证明。当这股潮流回归中国市场之后，行业和消费者对其的看法正悄然改变。

二、技术应用与完善阶段（2007 ～ 2011 年）

　　2007 年后，其他中国地板品牌陆续进入到地暖实木地板的研发和生产中来。随着越来越多的品牌加入，诸如粘扣连接、炭化工艺、化学改性等各种其他技术方案也被提了出来，不仅产业规模得到明显提升，地暖实木地板的技术也实现了多样化。至此，初步的产业格局成型。

　　产业的成型，首先代表了行业的认同，跟进企业在产品化和商业化方面的推进，加速了地暖实木地板在国内的应用；与此同时，在国内，部分知识水平、消费水平较高的中国消费者也开始率先接受这一先进的产品。这些高势能用户的意见领袖作用，又进一步作出了强有力的消费示范，反过来也推动了地暖实木地板产业的发展，开始形成良性的产业与市场互动。虽然实木地板作为高价值的耐用消费品，具有购买频率低、消费周期长的特点，导致新一代技术和产品的普及速度大大慢于快消品等其他产品。然而，更新换代是不可避免的，"实木地板不能用于地暖环境"的错误观点正一点一点被纠正过来。据相关统计，这一时期，地暖实木地板在国内的年销量首次突破了100万平方米的大关。地暖实木地板在国内大范围应用的阶段开始到来。

随着地暖实木地板产业规模和成功应用案例的稳定增长，2008年，国家相关机构牵头，第一次组织天格等企业开始筹措制订相关标准。一个品类能够实现标准化的前提就是产品技术基本定型、产业具备规模基础、市场用户开始接受，三者缺一不可，地暖实木地板标准的制定表明了国家和行业管理机构层面对其的足够重视，同样也代表了地暖实木地板已经迈过应用的初级阶段。

图3-4 通过粘扣进行安装的连接件地暖实木地板

图3-5 采用钢夹进行紧固连接的连接件地暖实木地板

图 3-6 "地暖实木地板系统解决方案" 所包含的技术体系

2010 年,地暖实木地板成为世博会远大馆选用的地材,在历经千万人次的踩踏后,依然完好无损,光洁如新。这一强有力的实证性展出,颠覆了中国及世界观众对于实木地板的传统认知,并随着他们的传播,地暖实木地板的优势功能以最可信的方式进入到用户心中。为此,行业公认:地暖实木地板在远大馆的出色表现,是其在中国真正兴起的标志性事件。

大量的市场应用带来了充足的用户反馈,基于这些真实反馈,企业又不断地进行创新,推动地暖实木地板技术逐渐趋于完善。2011 年,行业首个"地暖实木地板系统解决方案"正式推出。这一方案,包含"实木地板锁扣系统""材种严苛甄选系统""水分缜密控制系统""六面全防涂饰系统""专利静音消声系统""专利安装保障系统"等主要内容,首度将地暖实木地板由单纯的产品概念,推向包含专业产品、专业配件及辅料和专业服务在内的体系化阶段。作为地暖实木地板主流技术体系集大成的成果。"地暖实木地板系统解决方案"的出现,意味着该品类最为核心的技术框架已经成型。事实上,在随后品类大发展的时期,这一技术方案被绝大多数的品牌所效仿,堪称是地暖实木地板的"源技术"。

三、产品普及与标准化阶段(2012 ~ 2018 年)

市场欢迎、趋势明显,是促进企业加大研发投入,推动技术发展的最好动因。因此,当地暖实木地板逐渐被中国公众视为新一代高端地材后,相关技术开始井喷式的出

图 3-7 天格地暖实木地板生产基地之一

现。到 2012 年，中国地暖实木地板的技术深度和应用成果均位居世界前列，包括锁扣连接、六面涂饰、炭化、化学改性、连接件安装等几乎所有已知的地暖实木地板技术，都已被中国企业开发并掌握。在此领域，中国地板行业处于世界前列。

2013 年，中国企业在超过 40 个国家和地区，拥有了庞大的地暖实木地板国际化销售网络。在技术进步、市场拓展的同时，中国企业在地暖实木地板产能上的建设也是飞速发展，建立起规模庞大的生产基地和先进的研发机构，为地暖实木地板的产品普及打下了坚实的产研基础。在夯实硬件的同时，专业化地暖实木地板品牌的出现，也为中国用户能够享受到高品质产品和高规格服务提供了条件，并进一步推动了该产品的普及。比如，柏尔地板、久盛地板等众多品牌，在天格之后，也相继宣布聚焦地暖实木地板产品。正鉴于此，作为亚洲及世界地面材料发展趋势风向标的"中国国际地面材料及铺装技术展览会（DOMOTEX asia/CHINAFLOOR）"于 2016 年正式开辟以地暖实木地板专业品牌为主体的"地暖地板专区"，并配套召开相关论坛。至 2018 年，该专区已经连续举办三届，且呈现逐年扩大的趋势，已经成为展会上最为重要的特色区块之一。

行业的推动、产品的普及，不仅用成功案例在消费者心目中形成了地暖实木地板高品质、好体验的形象，也借由无数次技术与服务的对接，在暖通和地板行业之间构建起牢固的互信。在这一时期，地暖实木地板产品已经完全让地暖集成商打消了全部顾虑，成为主流的健康地暖地材，为进一步普及打下了良好的跨行业共推的基础。作为标志，2017 年，中国供暖供冷委员会开始向地暖用户推荐地暖实木地板产品和品牌，这表明，整个暖通行业已经正式开始从"提醒用户实木地板不能用于地暖"向"地暖实木地板是地暖的最佳配套地材，推荐使用"转变。

2017 年 12 月 13 日，国家知识产权局发布第十九届中国专利奖获奖项目，天格发明的专利《将实木地板应用到地热环境的方法及实木地板铺装结构》（专利号 ZL 201210432056.5）荣获第十九届中国专利优秀奖。这一事件表明，国家知识产权部门正式通过颁发奖项的形式，承认地暖实木地板是全新一代的实木地板，并明确了这一品类的发明权属于中国。

2018 年 2 月 6 日，国家质检总局、国家标准委共同发布公告并专门召开发布会，批准发布了《地采暖用实木地板技术要求》（GB/T 35913—2018）国家标准，正式宣

图 3-8 中国暖通委员会的推荐表明地暖实木地板已经充分赢得暖通行业的信赖

图 3-9 国家知识产权局确认地暖实木地板品类发明权属于中国

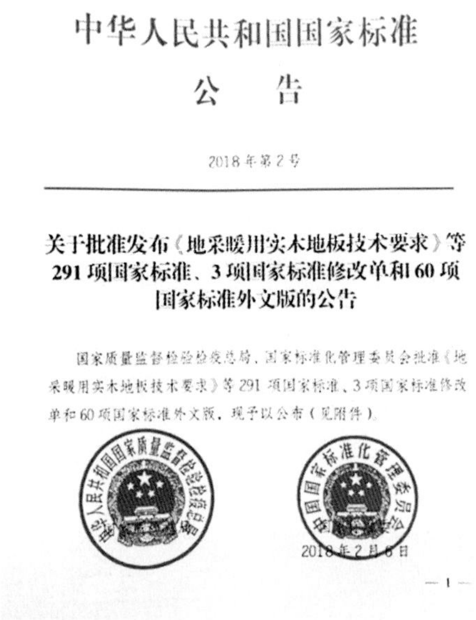

中华人民共和国国家标准

公　告

2018 年第 2 号

关于批准发布《地采暖用实木地板技术要求》等
291 项国家标准、3 项国家标准修改单和 60 项
国家标准外文版的公告

国家质量监督检验检疫总局、国家标准化管理委员会批准《地
采暖用实木地板技术要求》等 291 项国家标准、3 项国家标准修改
单和 60 项国家标准外文版,现予以公布(见附件)

图 3-10 国家质检总局、国家标准委在发
布 291 项国家标准时,以地暖实木地板国
标为首,代表了对其的高度重视

告地暖实木地板"标准化时代"的到来。此国家标准是世界上第一个关于地采暖用
实木地板的国家标准,它的颁布和实施,除明确规定了地暖实木地板的"外观质量
要求、加工精度要求、物理力学性能要求"等产品技术要求外,也明确了其检验方
法和检验规则,将极大促进行业的健康发展和消费者权益的保护工作。

　　相对于技术"硬标准"而言,这一阶段的消费认知"软标准"也得到了很好的
规范。比如,关于地采暖用实木地板的简称和商用名,在国标颁布之前,市场上存在"实
木地热地板""实木锁扣地板""实木地暖地板""原木地暖地板"等各种称谓。不仅
消费者难以辨别,甚至暖通行业这样的关联行业专业人士的认识也非常模糊,为这
一品类的发展带来了严重的认知障碍。2018 年 4 月 16 日,"首届地采暖用实木地板
品类大会"召开,在该次大会上,中国林产工业协会、中国木材与木制品流通协会、
中国建筑金属结构协会、全国木材标准化技术委员会联合支持,将"地采暖用实木
地板"的规范简称和商用名明确为"地暖实木地板",结束了存在已久的品类名称之争。

第二节　地暖实木地板与其他地暖地板功能分析

　　目前在终端市场,除了地暖实木地板之外,能够应用于地暖环境的地板品类,
还包括强化木地板和实木复合地板。这两类地板,因为都属于复合类产品,所以都
有较好的稳定性能,用于地暖时不容易变形。但鉴于地暖环境温度较高的特殊性和

地板作为耐用消费品的产品特性，一款优良的地暖地板除了基本的稳定性之外，还必须在以下三个方面要有出色的表现，那就是环保性、导热性和耐久性，这些性能都与每种地板的内部结构相关，下图 3-11 ~ 3-14 展现了地暖实木地板、强化木地板、多层实木复合地板、三层实木复合地板的内部结构，表 3-1 对这四种地板的内部结构进行综合对比分析。

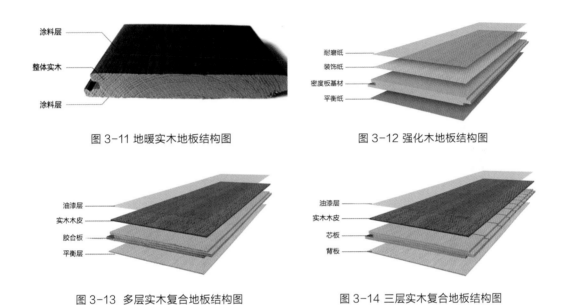

图 3-11 地暖实木地板结构图　　　　　　图 3-12 强化木地板结构图

图 3-13 多层实木复合地板结构图　　　　图 3-14 三层实木复合地板结构图

表 3-1 地暖实木地板与其他地暖地板结构比较表

商用名	专业名称	基材	辅材	层数	胶黏剂	加工工艺
地暖实木地板	地采暖用实木地板	实木	涂饰材料	1 层	无	以实木加工，表面涂饰
强化木地板	浸渍纸层压木质地板	人造板	专用纸	4 层	有	利用一层或多层专用纸浸渍热固性氨基树脂铺装在人造板表面，背面加平衡层，正面加耐磨层，经热压而成
多层实木复合地板		多层胶合板	实木木皮涂饰材料	4 层	有	以纵横交错排列的多层胶合板（一般为 6 ~ 9 层)为基材，实木单板为面层，经涂胶后在热压机中通过高温高压制作而成
三层实木复合地板		实木拼板	实木木皮涂饰材料	4 层	有	以实木拼板或单板为面板，以实木拼板为芯层，以单板为底层，经胶合而成

一、环保性比较

由各类地暖地板结构可知，地暖实木地板由整块木材制成，没有任何内部结构，因此也不存在胶水等黏合剂，而其他复合类地板均存在内部结构，需要以黏合剂进行胶合。

目前在地板行业，复合类地板采用的黏合剂主要有：脲醛胶、酚醛胶和三聚氰胺胶，其中都含有较大量的游离甲醛，一般要持续释放 3 ~ 15 年。而且，随着地暖温度的上升，甲醛会加速释放。因此，如果用户选用了甲醛含量超标的复合类地暖地板产品，或者地暖环境含醛类家居产品使用总量过高的话（甲醛释放具有叠加效应），用户将有健康隐患。

对于复合类地板在相对高温下甲醛释放的规律，相关行业研究报告明确指出：在温度 7℃ 条件下，甲醛释放量非常低，仅 0.14mg/L；在 15℃ 条件下，甲醛释放量变化不大明显，为 0.31mg/L；但到温度 20℃ 时，甲醛释放量显著增加；到 30℃ 时，甲醛释放量进一步增加到 1.90mg/L……强化木地板存放时间长短和检测环境温度对其甲醛释放量有一定的影响，尤其是检测环境的温度对甲醛释放量影响很大。随着检测温度的升高，甲醛释放量急剧增加。[1]（见表 3-2，图 3-15）

事实上，甲醛会随温度加速释放的情况，并非只在强化地板上存在，包括多层实木复合地板、三层实木复合地板在内的实木复合产品同样存在类似问题。通过气候箱测试法，针对实木复合地板模拟室内甲醛释放的研究表明，温度对于甲醛释放的贡献呈指数增长的趋势，这可能是由于：

（1）升温导致甲醛分子的热运动加强，从而有更多的游离甲醛和有机物分解形成的甲醛分子经由表面释放出来。

（2）升温降低木质板材对于甲醛的吸附容纳能力导致甲醛释放加剧。

（3）升温引起含有甲醛黏合剂的分解反应，使甲醛反应释放出来。

（4）升温会改变材料的扩散系数，有更多的甲醛分子从内部扩散到表面并释放出来。

（5）升温改变板材孔径结构导致甲醛更多地释放出来。[2]

由此可见，无论是常见的强化木地板、多层实木复合地板、三层实木复合地板，还是采用其他复合形式的复合地板，只要是以三醛胶作为黏合剂的产品，都无法避免甲醛随温度加速释放的问题。

① 姜志华，周江龙.强化木地板甲醛释放量与存放时间、环境温度关系的研究 [J]. 中国人造板，2009（7）.
② 张侃，王志.基于气候箱法的实木复合地板甲醛释放规律研究 [J]. 安防科技，2011（9）.

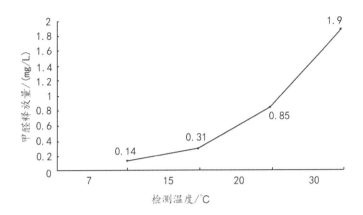

图 3-15 甲醛释放量随环境温度变化趋势图[1]

表 3-2 试件在不同环境温度下的甲醛释放量[1]

环境温度（℃）	7	15	20	30
甲醛释放量（mg/L）	0.14	0.31	0.85	1.90

实验时间：2008 年 11 月 14 日 ~ 2009 年 1 月 12 日

此外，当地板使用于地暖环境时，其接触地暖的部分，所承受的温度普遍要高于 30℃。国家建设部行业标准《地面辐射供暖技术规程》（JGJ 142—2012）规定地暖供水温度不应超过 60℃。民用建筑供水温度宜采用 35 ~ 50℃，供回水温差不宜大于 10℃。而铺设于地暖表面的木地板，通常底部受热温度在 50℃左右。[2]复合地板甲醛随温度升高会加速释放的效应将进一步放大。

因此，在我国尚未出台用于地暖环境地板环保要求的专门标准的情况下，消费者对于所购复合类地板在用于地暖环境时是否安全，缺乏自行检测和维权的依据。而购买使用安全、健康并且稳定性和舒适度俱佳的地暖实木地板，无疑是明智的选择。

二、导热性比较

在地暖环境中，热能在地暖设备、地暖地板以及室内是通过以下路径和方式进行传递的：地暖以传导的方式将热能传递给地板，而地板则以辐射的方式将热能传递到室内，给用户带来温暖。因此，作为热能传递的中间环节和媒介，地暖地板的热能传导效率在很大程度上将决定地暖的使用效果。

在传统的用户认知中，或者某些地板导购员会宣称：实木地板导热性能差，强

①姜志华，周江龙.强化木地板甲醛释放量与存放时间、环境温度关系的研究 [J].中国人造板，2009（7）.
②叶红，代平国，任彦回.地暖环境条件下木地板甲醛释放量测定及收集装置 [J].江苏建材，2012（3）.

表 3-3 纤维板、木材、胶合板的热传导率

材料种类	密度（kg/m³）	热传导率 λ（kJ/m•h•℃）
纤维板 （强化木地板主材）	200	0.25
	400	0.33
	600	0.42
	800	0.54
	1000	0.63
木材（实木地板主材）	500	0.71
胶合板（复合实木地板主材）	600	0.50

注：本表格数据摘自《木材工业实用大全》第9页"表1-8 纤维板和其他材料热传导率"

化木地板和实木复合地板导热性能好，更适合地暖环境。但事实上这是不正确，甚至是非常错误的观点。

根据木材行业权威工具书《木材工业实用大全》第9页的数据，地暖实木地板的主材——木材，其热传导率 λ 为 0.71kJ/m•h•℃（数值越高意味着材料的热传导效率越高，也就是采暖效果越好），而强化木地板的主材纤维板，以及多层实木复合地板的主材胶合板的热传导率 λ 均为 0.50kJ/m•h•℃ 左右，其导热效能仅有地暖实木地板的70%。所以，在导热方面，地暖实木地板无疑具有更好的表现，是所有地暖地

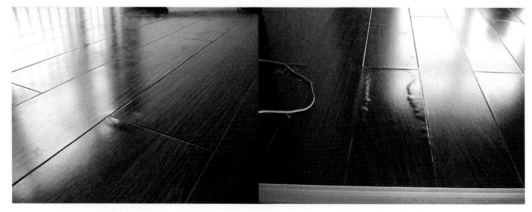

图 3-16 强化木地板在地暖环境下出现起泡、鼓包的现象
注：根据国家林业与草原局林产品检验中心（长春）主任王军编写的案例分析

图 3-17 因各层材质收缩变量差异，质量欠佳的多层实木复合地板在地暖环境会出现板面开裂的情况

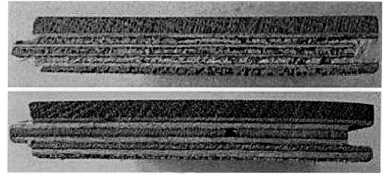

图 3-18 当面层厚度达到 4mm 或以上时，实木复合地板用于地暖时容易发生瓦变

板中最节省能源的品类。

三、耐久性比较

在常规环境下，强化木地板与多层实木复合地板、三层实木复合地板等复合地板都有较好的稳定性能和耐久性能，然而在地暖这种温湿度变化剧烈的家居极限条件下，其表现却并非足够出色，会出现不可逆的变形，由于其内部复合结构的原因，这些变形问题一般无法自我恢复，也无法维修。

1. 强化木地板

在地暖环境，回填层的水泥地面中往往含有大量的水分，当地暖开始供热时，回填找平层中的每吨水泥砂浆会散发数十至上百千克的水分，如果安装地板时防潮没有做到位，或者在地暖环境下密封防潮膜的胶带脱胶，又或者安装时地面没有清理干净留有砂砾等凸起物在地板使用中将防潮膜磨穿等，一旦出现类似于上述防潮失败的情况，大量的潮气就会窜入强化木地板，最终导致地板出现鼓包现象，随着时间增加，鼓包会越来越严重。

此外，强化木地板在日常使用中，如果家庭遇到大雨渗水、地暖漏水等意外，

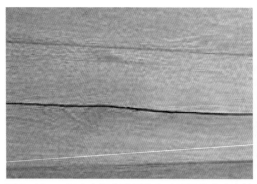

图 3-19　三层实木复合地板生产时面层的含水率控制不当，在地暖环境条件下也会产生面层开裂　　图 3-20　面层较薄的三层实木复合地板，用于地暖时地板板面出现的明显肋骨状波纹

也会出现鼓包的情况。而且强化木地板鼓包的问题，属于不可逆转的变形，一旦出现，只能更换。

2. 多层实木复合地板

多层实木复合地板是由变形量不同的硬木单板与多层胶合板粘贴在一起的产品。由于材质不同，在地暖环境中，硬木表板的收缩量大，而速生材的基材收缩量小。

例如：从夏季到冬季地暖开启后，随着含水率下降，速生基材的收缩量只有0.15mm，如果面层材种为香脂木豆，那么它的收缩量则为2.2mm，二者相差了接近15倍。这时，表板要维持与基材同样的尺寸，就相当于被拉伸了2mm，当这个拉应力大于木材的横纹抗拉强度时，地板表板就会产生开裂。通过试验发现，地板越宽越容易产生面裂，面皮越厚越易变形。所以用多层实木复合地板做地暖地板，对面层的含水率控制、地板尺寸有严格要求，市售很多标称"适用地暖"的多层实木复合地板完全达不到这些要求。

而如果多层实木复合地板的面层厚度达到4mm或以上时，则在开启地暖时，由于面层干缩量大，且因厚度大而无法被基材拉裂，那么地板在面层的收缩拉力作用下就会产生两端高中间低的瓦状变形；而在潮湿环境，地板面层的膨胀应力大于基材，地板就会产生两端低中间高的瓦状变形。地板宽度越宽，面层越厚，瓦变越明显。

3. 三层实木复合地板

相比于硬木面层加速生材基材的多层实木复合地板，三层实木复合地板的中间层是比较厚的横向板条，抗弯能力较强，不易产生瓦状变形；但宽面独幅的三层实木复合地板，如果生产时面层的含水率控制不当，在地暖环境条件下也同样会产生面层开裂。

而如果三层实木复合地板的表板厚度较低时，由于其中间层是由木板条制成的，实木板条有径切、弦切，有边材、心材，板条之间的含水率不可能完全一致。所以在地暖条件下，当地板的含水率发生变化时，板条的膨胀量不同，在地板的板面上会出现明显的肋骨状波纹。

除此之外，在地暖环境中地板温度长期较高，开地暖的初期地坪往往也会潮气上窜，长此以往，无论哪一种实木复合地板，其胶层都会加速老化，从而产生很多分层起鼓的现象。而这些问题，都是无法通过维修能够解决的，会严重影响用户的使用体验以及产品的耐久性能。

4. 地暖实木地板

相较于强化木地板和复合地板，地暖实木地板由整块珍稀原木打造而成，没有内部结构和黏合剂，所以不存在因各层之间收缩膨胀变量不同而导致的分层、起鼓、面层开裂的可能，耐地暖的长期稳定性能更好。同样的，正因为地暖实木地板是整块原木打造，所以在其表面磨损后，重新打磨涂饰，即可焕然一新（正常18mm厚度的地暖实木地板可以翻新2～3次）。加之地暖实木地板采用锁扣连接的安装方式，如果遭遇水浸，可以快速拆卸，擦拭阴干，待含水率恢复正常后，即可重新铺装。如果搬家迁居，也可以很方便的易地安装、重复使用，所以其使用寿命大大超过50年，是真正可以世代传承的地板品类，也是对珍稀原木最好的利用。

反观多层实木复合地板，它的硬木面层很薄，如果打磨就会磨穿报废，不存在翻新的可能；强化木地板一旦表面耐磨层磨损，其装饰纸就会裸露，更没有翻新的

表3-4 地暖实木地板与其他地暖地板的性能比较分析表

地板类型	环保性	导热性	耐久性
地暖实木地板	没有三醛胶等胶黏剂，所以不含工业甲醛，环保	实木的热传导率高，导热性能好	没有分层和胶黏剂，不会变形、鼓包、开裂；可打磨翻新；遇水可擦拭阴干；搬家可拆装重复利用
强化木地板	含有大量游离甲醛，地暖环境下释放量大	人造板的热传导率低，导热性能差	防潮失败或漏水会导致鼓包现象，不可逆转；无法打磨翻新
多层实木复合地板	含有大量游离甲醛，地暖环境下释放量大	人造板的热传导率低，导热性能差	不同层面的干缩量不同，在地暖环境下容易导致瓦变；胶层老化容易导致分层；无法打磨翻新
三层实木复合地板	含有大量游离甲醛，地暖环境下释放量大	人造板的热传导率低，导热性能差	不同层面的干缩量不同，在地暖环境下容易导致瓦变或肋骨状波纹；胶层老化容易导致分层；无法打磨翻新

可能。而且，这些地板品类如果泡水，都会面临报废的后果。所以，强化木地板和实木复合类地板产品属于一次性产品，不具备二次使用的价值，其寿命仅为地暖实木地板的四分之一到三分之一。

第三节 地暖实木地板与硬质地材比较

以地砖为代表的硬质地材，由于导热效能高以及易打理的传统用户认知，曾经是众多地暖用户青睐的地材，然而在消费升级的需求下，地暖实木地板正在快速取代地砖的地位，成为地暖用户的首选地材。原因就在于，地暖实木地板无论是稳定性能还是舒适度，都要明显优于地砖，并且更加高端。

一般来说，在普通家居环境中地砖的稳定性能毋庸置疑，但一旦处于地暖环境，就难以保证其具备和常温时相同的表现了。原因在于，地砖一般采用干粉铺设法（见图 3-21），干粉砂浆层的结构本身就比较疏松，当其使用于地暖环境时，在地暖开启和关闭的循环过程中，会周期性经受急骤的升温或降温，在剧烈的热胀冷缩的作用下，3 ～ 5 年砂浆层就可能发酥，从而导致地砖翘曲、松动、起拱（见图 3-22）。

众所周知，即使普通环境，地砖的维修和更换也非常麻烦，并且更换的地砖因为批次不同，即使同一型号也会存在较大色差，无法做到令人满意。而在地暖环境中，地砖一旦出现上述的问题，不仅维修费时、费力、费钱，还可能在去除原有砂浆的过程中损坏地暖设备，造成连带损失。而地暖实木地板采用悬浮铺装，温湿度变化时能够同胀同缩，保证稳定耐用，即使需要维修地暖管线，也可以很轻松地进行无

图 3-21 地砖一般采用干粉铺设法

图 3-22 在地暖环境中，瓷砖出现翘曲、松动、起拱的问题

损拆装，堪称最为合理的地暖地材。

　　同样的，除稳定性和安装方式的优势之外，地暖实木地板相比于地砖，在舒适度上也大大领先。现在很多家庭，习惯在家中赤脚行走。地砖导热率高，但触感不佳，在采暖季，当室温达到较高温度时，地砖本身的温度也会较高，赤脚行走会感到烫脚；未开地暖时，地砖则脚感冰凉，不仅体感不佳，更不利于健康。而地暖实木地板的导热效能与保温性能处于均衡的理想状态，冬暖夏凉，能满足最适宜的舒适度要求。

　　案例：

　　对于地暖实木地板与地砖的舒适度孰高孰低的问题，用户是最有发言权的。以下就是一个专家型的用户，在 2014 ~ 2015 年冬季时利用一整个采暖季，对地暖实木地板以及地砖的能耗、保温性能等指标进行的科学分析。

　　基本情况：用户朱先生，家住扬州，职业为化学工程师。2014 年 3 月份，朱先生购入了 107 平方米的天格印茄木地暖实木地板，用于家中整体铺装。

　　采暖测试结果节选：

　　2015 年 2 月 11 日。早上 8:00 室温 22℃，锅炉关闭；晚上 7:30 温度 20.8℃。也就是说在锅炉关闭将近 12 个小时的情况下，室温仅下降 1.2℃，温度变化量几乎忽略不计。

　　停暖一周后，室温 17.9℃

　　停暖两周后，室温 17.2℃

　　停暖三周后，室温 16.1℃

　　……

图 3-23 朱先生向天格代理
商反馈测试数据

对照组：

同样是地暖环境，朱先生的朋友家选择了地砖。经过朱先生反复检测，相同测试条件下，朱先生朋友家的地砖只能保温 2 个小时，保温蓄热性不佳。

出于工程师的严谨态度，朱先生觉得他所做的这些还远远不够，因为单一采暖方式的测试数据说服力还不够充分，难以说明地暖实木地板广谱性的优点。于是，朱先生将研究进行了升级：对不同地材搭配地暖的表现进行了比较，从采暖安装难度、采暖设备故障率、采暖安装造价、能耗、舒适度等 5 个维度，进行了全方位分析，并制作成表格（见表 3-5）。

根据以上实地测试结果，朱先生的最终结论是：地暖环境＋地暖实木地板，其采暖安装难度低、采暖设备故障率总体最低、采暖安装造价低、能耗低、舒适度最高，是地暖家庭地面组合的最优解。

表 3-5 根据朱先生反馈的测试数据而制作的表格

采暖方式	地面装饰材料	采暖安装注意事项	采暖安装难度	采暖安装造价	采暖设备故障率	能耗和舒适度
1.地暖	全部实木地热地板	1. 外径 20mm 内径 16mm 地暖管 2. 3cm 挤塑板 3. **地暖管中心距** 非管间距)15cm 4. 平层一个锅炉总温控即可	低	低	1. 有锅炉和温控器故障 2. 地暖管 50 年无故障 3. 总体故障率最低	除水泥蓄热层以外还有地板蓄热，一旦到达所需温度后，白天锅炉几乎不启动，晚上启动 3~5 次左右，即使温控后停止供暖，脚感和体感无变化，总体能耗最低，舒适度最高。
2.地暖	餐客厅瓷砖，卧室实木地热地板。	1. 外径 20mm 内径 16mm 地暖管 2. 3cm 挤塑板 3. **地暖管中心距** 非管间距)15cm 4. 分区域温控	低	低	1. 有锅炉和温控器故障 2. 地暖管 50 年无故障 3. 总体故障率低	餐客厅瓷砖蓄热比实木地热地板差，温控后一旦停止供暖，脚感和体感偏凉。总体能耗要高于全实木地热地板，舒适度低于全实木地热地板
3.瓷砖地暖＋暖气片混搭	餐客厅瓷砖地暖，卧室实木地板（暖气片），暖气片房间窗帘设计难度大	需要加装地暖和暖气片混水设备（混水罐，热力分配器，二次分水器，循环泵）	最高	高	1. 有锅炉和温控器故障 2. 混水设备故障 3. 地暖水带来大量含氧水，腐蚀暖气片内部，降低暖气片寿命 4. 总体故障率最高	餐客厅瓷砖部分有一定蓄热能力，但暖气片无蓄热，锅炉启动频繁，能耗高。
4.全暖气片	地面装修材料自由组合，暖气片摆放位置和窗帘设计难度大。		偏高	最高	1. 有锅炉和温控器故障 2. 铸铝暖气片寿命13年左右，钢板暖气片寿命 8 年。 3. 总体故障率偏高	无蓄热层，锅炉需一直运行，能耗最高。

总结：

1. 舒适度：地暖＋实木地热地板＞地暖＋（实木地热地板/瓷砖）＞地暖＋暖气片混搭 ＞全暖气片
2. 能耗：地暖＋实木地热地板＜地暖＋(实木地热地板/瓷砖)＜地暖＋暖气片混搭＜全暖气片
3. 故障率：地暖＋实木地热地板＝地暖＋（实木地热地板/瓷砖）＜全暖气片＜地暖＋暖气片混搭
4. 采暖安装难度：地暖＋实木地热地板＝地暖＋（实木地热地板/瓷砖）＜全暖气片＜地暖＋暖气片混搭
5. 无论哪种采暖方式，如要将地面·墙体·家具彻底热透，均需要 24 小时以上。但全房间实木地板地热，具有高蓄热性，一旦热透房间，可保温一到两周，因而可利用手机 app 控制锅炉温控器，控制锅炉启动。上班族白天无人，可关闭锅炉，回家前 2 小时左右用 app 启动锅炉。如出去 7 到 10 天旅游，关闭燃气阀和锅炉，地板仍能蓄热，回家后不觉冷，大约采暖 6 小时后即可将房间加热，从而达到舒适·节能·安全。
6. 而"瓷砖＋地暖"·"瓷砖地暖＋暖气片"·"全暖气片"蓄热性不够，房间需要持续供暖，白天出门后如关闭锅炉，再启动采暖，"瓷砖＋地暖"需 6 小时，"瓷砖地暖＋暖气片"·"全暖气片"仍需从 12 小时以上。如出门一周再启动锅炉，都需要 24 小时才有暖和的感觉。

注：（1）以上资料由用户提供；（2）"实木地热地板"为"地暖实木地板"国家标准发布前不规范的商用名

第四章 地暖实木地板用木材和涂料

地暖实木地板的原材料是木材，木材来自于自然界生长的树木。树木的生长是指树木在同化外界物质的过程中，通过细胞分裂和扩大，使树木的体积和重量产生不可逆的增加。树木是多年生植物，可以生活几十年至上千年。

地暖实木地板的表面需要进行涂饰，以达到更好的使用和欣赏效果。其使用涂料的选择必须充分考虑耐磨性、耐水性、环保性等综合性能。

第一节 木材基础知识

一、树木的组成

一棵生长的树木，从上到下主要由树冠、树干、树根三部分组成（见图 4-1）。这三部分在树木的生长过程中构成一个有机的、不可分割的统一体。而树干既是树木的主要部分，也是加工利用的对象。

树干是树木的直立部分，也是木材的主要来源，占立木总材积量的 50% ～ 90%。树干把树根从土壤中吸取的水分及矿物质，自下而上地输送到树叶，并将树叶中制造出的溶于水的有机养料，由树叶自上而下地输送到树根。树干除了进行输送水分和营养物质外，还储藏营养物质和支持树冠。

不同的树种，都有其不同的构造。不同树种之间，密度的差异也非常明显。即使同一树种的不同树株、同一树株的不同构造部位、或同一树种在不同的生长条件下，木材的密度也会存在差异。

二、树干的组成

树干从外往里分成若干部分（见图 4-2）：最外侧是树皮；紧贴着树皮的是具有分生能力的形成层；然后是边材、心材；最中间的是树木的髓心。边材与心材合称为木质部，是加工利用的主体，但因为边材细胞仍具有活性，易受菌虫的侵害，所以耐久性不及心材，心材是木材中耐久性最好的部分。加工时应尽量剔除髓心（心

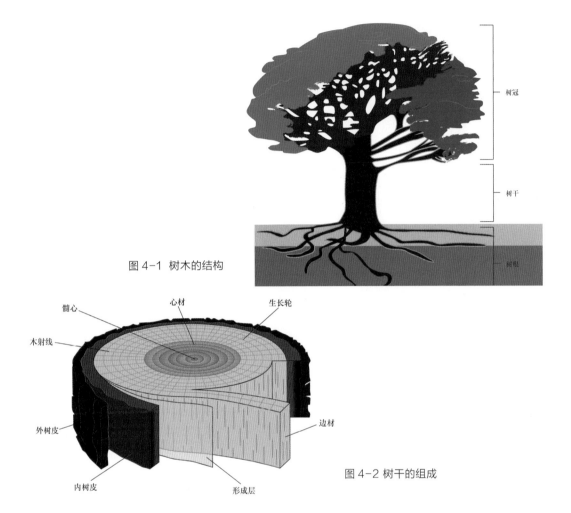

图 4-1 树木的结构

图 4-2 树干的组成

材的中心）部分。

　　木材的边材颜色较浅，心材颜色较深，边材与心材、早材与晚材的纹理之间必然会存在颜色的差异(色差)。正是这种色调深浅的对比,构成了木材各种美丽的图案,这是一种木材的自然美。

三、木材的切面

　　木材是由许多细胞组成的，它们的形态、大小、排列各有不同，使木材的构造极为复杂，成为具有各向异性的材料。因此，从不同方向锯切木材就有不同纹理图案的切面（见图 4-3）。

1. 横切面

　　横切面是树干长轴或与木材纹理相垂直的切面，亦称端面或横截面。在这个切面上可以观察到木材的生长轮、心材和边材、木射线等。

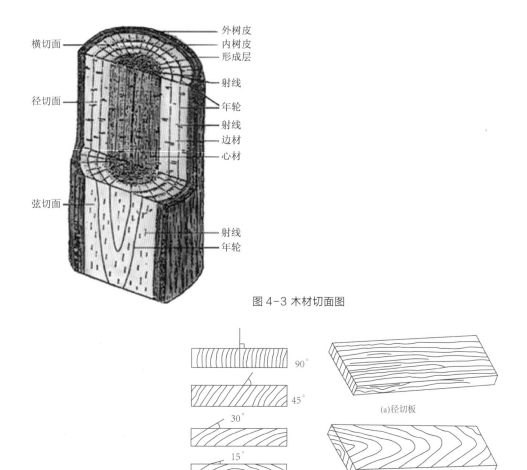

图 4-3 木材切面图

图 4-4 径切板与弦切板木纹特征

2. 径切面

径切面是顺着树干长轴方向，通过髓心与木射线平行或与生长轮相垂直的纵切面。在这个切面上可以看到相互平行的生长轮或生长轮线、边材和心材的颜色、木射线等。

3. 弦切面

弦切面是顺着树干长轴方向，与木射线垂直或与生长轮相平行的纵切面。弦切面和径切面同为纵切面，但它们相互垂直。在弦切面上生长轮呈抛物线状。

四、径切板与弦切板

1. 径切板

径切板是沿原木端面中心处年轮的切线与板面垂直或接近垂直的锯割板材，其径向切角大于 45°，年轮在板面上呈平行的直线条纹理。

2. 弦切板

弦切板是沿着原木年轮切线方向锯割而成的板材，年轮切线与宽材面夹角不足45°，年轮在板面上呈峰状花纹（见图4-4）。

由于木材的结构特征，径切板的稳定性要优于弦切板。

五、木材中的水分

水分在木材生长、运输、加工和利用的各个环节都起着非常重要的作用。树木的生长是通过根系吸收的水分以及空气中吸收二氧化碳在叶片中进行光合作用产生碳水化合物的形式来进行的；另外，水分也是各种物质输送的载体。采伐后的原木及其锯解后的板材在存放、运输、加工和利用的各个环节中，由于环境的影响及人为的干燥过程等的影响，木材中的水分仍会不断变化。木材的物理和力学性质、化学性质，几乎都受水分的影响。

1. 木材中水分存在的状态

木材中的水分在立木状态下以树液的形式出现，是树木生长必不可少的物质，又是树木输送各种物质的载体。

木材中的水分以三种状态存在：细胞腔内的水蒸气、细胞腔内的液态水、细胞壁中的结合水。

2. 木材的绝对含水率

木材或木制品的水分含量通常用绝对含水率来表示，简称含水率，即木材中所含的水分重量与绝干（完全脱去水分后的木材）重量的百分比。用此原理测量木材含水率的方法称为绝干法。绝对含水率的计算公式如下：

$$MC = \frac{m\text{-}m_0}{m_0} \times 100\%$$

式中：MC——试材的绝对含水率 (%)；

m——含水试材的质量（g）；

m_0——试材的绝干质量 (g)。

3. 木材的平衡含水率

由于木材具有吸放湿特性，当外界的温湿度条件发生变化时，木材能相应地从外界吸收水分或向外界释放水分，从而与外界达到一个新的水分平衡体系。木材在平衡状态时的含水率称为在该温湿度条件下的平衡含水率（EMC）。木材平衡含水率随地区、季节的不同而变化，部分地区、季节的平衡含水率见附录C1。

六、木材的特性

由于木材是一种特殊的多孔高分子结构，所以木材有以下一些明显的特性。

1. 吸湿解吸

木材具有较高的孔隙率和巨大的内表面，因而当较干的木材存放于潮湿的空气中，木材从湿空气中吸收水分的现象叫吸湿；当木材含水率较高，在较干燥的空气中，木材向周围空气中蒸发水分叫解吸。

木材的吸湿和解吸，在过程之初进行十分激烈，随着时间的推移，强度逐渐减缓，最终会达到一个吸湿与解吸的动态平衡。木材能依靠自身的吸湿和解吸作用，直接缓和室内空间的湿度变化。

2. 干缩湿胀

当木材的含水率在低于纤维饱和点时，因解吸使细胞壁收缩，导致木材的尺寸和体积的缩小称为干缩；相反，因吸湿而引起木材的尺寸和体积的膨胀称为湿胀。

3. 各向异性

由于木材本身组织结构的各向异性，木材不同方向上的干缩是不同的。干缩率是指木材收缩尺寸所占原有尺寸的百分比。气干干缩率指木材从气干（通常含水率为12%）到全干的干缩率。

木材的各向异性反映在横切面、径切面、弦切面三个切面上，所以造成木材的干缩和湿胀因方向不同而有异，纵向、弦向和径向的胀缩程度也各不同。木材沿树干方向的干缩率很小，约为0.1%；弦向的干缩率最大，约为6%～10%；径向的干缩率约为弦向干缩率的1/2，即3%～5%。由于径向和弦向的收缩不一致，常引起木材的不规则开裂、变形。

木材的吸湿解吸、干缩湿胀、各向异性这三个特性，都对木材的尺寸稳定性有一定的影响。特别是在地暖环境下，木材的尺寸稳定性直接影响到地暖实木地板的使用。

第二节 常见地暖实木地板用木材

一、硬槭木 *Acer* spp.（流通商品名：硬枫木）

1. 科属信息

槭树科槭树属。广布于北温带。现介绍硬槭木类的糖槭（*A. saccha-rum*）和黑槭（*A. nigrum*）。

2. 木材特征

大乔木,树高 25 ~ 27m,可达 40m;树径约 60 ~ 100mm。心材乳白至淡红棕色,边材色浅。木材有光泽,无特殊气味和滋味。纹理通常直,有不规则的卷曲或波状花纹;结构细而匀。

3. 木材性质

干缩中,重量中等,切面光滑,强度高,不耐腐,不抗虫害;心材防腐剂浸注困难。干燥不难,宜慢。加工容易。

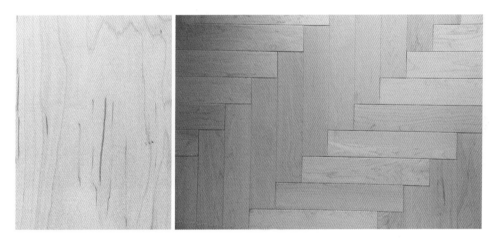

图 4-5 硬槭木

表 4-1 硬槭木干缩率与密度表

树名	全干干缩率（%）		气干干缩率（%）		密度（g/cm³）
	弦向	径向	弦向	径向	气干密度
硬槭木	9.9	4.8	5.0	2.5	0.72

二、印茄木 *Intsia* spp.（流通商品名：波萝格）

1. 科属信息

豆科印茄属。本属9种,分布于东南亚。现介绍帕利印茄(*I. palembanica*)和印茄(*I. bijuga*)

2. 木材特征

大乔木,树高可达 45m,树径达 1.5m 或以上。印茄（*I. bijuga*）心、边材色区别明显,边材淡黄白色,心材红褐色至淡栗褐色,含硫磺色沉积物。具深色带状条纹。生长轮略明显。木材有光泽,无特殊气味和滋味。纹理交错;结构均匀。

3. 木材性质

干缩甚小至中，干材尺寸稳定性良。木材中至重，强度高（至甚高）。耐腐，抗白蚁，不抗菌害；心材防腐剂浸注极难。木材干燥性能良好，速度慢，气干厚 15mm 和 40mm 的板材分别需时 4.5 个月和 6 个月。锯刨困难，应注意清除树脂以保持齿刃

图 4-6 印茄木

表 4-2 印茄木干缩率与密度表

树名	全干干缩率（%）		气干干缩率（%）		密度（g/cm³）
	弦向	径向	弦向	径向	气干密度
印茄木	4.6	2.7	1.6	0.9	0.70 ~ 0.94

锋利。

三、亚花梨木 *Pterocarpus* spp.（商品流通名：安哥拉紫檀、非洲紫檀）

1. 科属信息

豆科紫檀属。系紫檀属内非红木范畴的木材，称亚花梨木。树种有非洲紫檀（*P. soyauxii*）、变色紫檀（*P. tinctorius var. chrysothris*）和安哥拉紫檀（*P. angolensis*）等。

2. 木材特征

中至大乔木，树高可达 15 ~ 30m，树径可达 60 ~ 100cm。分布于非洲。心、边材色区分明显；心材材色变化大，黄褐色、鲜橘红、砖红或紫红色，久则色深，常带深色条纹；边材浅黄褐色，厚可达 20cm。生长轮略明显。木材有光泽；香气微弱；

无滋味。结构至粗，略均匀；纹理直至交错。木刨花或木屑水浸出液荧光略明显。

3. 木材性质

干缩甚小。干材尺寸稳定性良，强度中。重量中至重。握钉力良。甚耐腐，略抗至甚抗白蚁和蠹虫危害，不抗海生钻木动物危害；心材防腐剂浸注略难。干燥宜慢，

图 4-7　亚花梨木

表 4-3　亚花梨木干缩率与密度表

树名	全干干缩率（%）		气干干缩率（%）		密度（g/cm³）
	弦向	径向	弦向	径向	气干密度
亚花梨木	5.2	3.3	1.5	1.0	0.64 ~ 0.88

无降等缺陷产生。加工容易，木材纹理不规则或交错者略难。

四、柚木 *Tectona grandis*（流通商品名：柚木）

1. 科属信息

马鞭草科柚木属。本属 3 种。原产于印度、中南半岛、马来半岛、印度尼西亚等地；引种于非洲西部、热带美洲、西印度群岛等热带地区。

2. 木材特征

大乔木，树干通直，树高 39 ~ 50m；枝下高 10 ~ 24m；树径 150 ~ 250cm。（半环孔至环孔，这在热带树种中少见）。心、边材色区分明显；心材浅褐或褐色，久则转呈深褐色；边材黄褐色微红，厚约 3cm。生长轮明显，宽度略均匀或不均匀。木

材有光泽；微具皮革气味，含白色沉积物，无特殊滋味；有油性感。纹理直至略交错；结构中至粗，不均匀。

3. 木材性质

干缩小至甚小。干材尺寸稳定性（优）良，重量中，强度高。握钉力良。耐腐，抗白蚁及海生钻木动物危害；心材防腐剂浸注极难，耐酸。干燥状况良好，但颇缓慢。加工性中等，切削时刀锯刃口易钝，有夹锯现象，锯面发毛，刨面光滑；涂饰（因

图4-8 柚木

表4-4 柚木干缩率与密度表

树名	全干干缩率（%）		气干干缩率（%）		密度（g/cm³）
	弦向	径向	弦向	径向	气干密度
柚木	3.8 ~ 6.2	2.2 ~ 2.9	0.8 ~ 2.5	0.5 ~ 1.5	0.51 ~ 0.70

有渗透物，宜用环氧丙烯酸）及胶黏性良好。

五、栎木 *Quercus* spp.（流通商品名：橡木）

1. 科属信息

壳斗科麻栎属。本属多乔木，约450种。

2. 木材特征

乔木，广泛分布于北温带及热带高山地带。栎木分为白栎和红栎两类，区别是红栎不具侵填体。心、边材色区分通常明显；心材黄褐色或浅栗褐色；边材浅黄褐色，1.5 ~ 3.5cm。生长轮甚明显。木材有光泽，无特殊滋味。纹理直；结构略粗，不均匀。

3. 木材性质

干缩中至大，本类干材尺寸稳定性中。重量中至重；强度中至高。握钉力良好，容易开裂。耐腐，抗蚁性弱,不抗海生钻木动物危害；心材防腐剂浸注困难。干燥不易,

图 4-9 栎木

表 4-5 栎木干缩率与密度表

树名	全干干缩率（%）		气干干缩率（%）		密度（g/cm³）
	弦向	径向	弦向	径向	气干密度
栎木	9.5 ~ 12.7	5.2 ~ 6.6	5.1 ~ 6.6	2.6 ~ 3.6	0.63 ~ 0.79

宜慢，否则会产生径裂和翘曲。加工困难，切削时工具刃口易钝，刨切面不易光滑；胶黏性良好。

六、香脂木豆 *Myroxylon* spp.（流通商品名：香脂木豆）

1. 科属信息

豆科香脂木豆属。常见的商品材主要有香脂木豆（*M. balsamum*）。

2. 木材特征

乔木，生长迅速，树高 15 ~ 20m；主干圆直，枝下高 10 ~ 15m，可达 24m；树径 50 ~ 80cm。主要分布于南美洲热带。分泌有医药和香料用的天然树脂"balsam"。心、边材色区分明显；心材红褐色至紫红褐色，伴有浅色条纹；边材色浅，近白色。生长轮不明显。木材光泽强，略具香气，滋味微苦。偶有树脂斑痕；纹理常交错；结构甚细至细，均匀。

图 4-10 香脂木豆

表 4-6　香脂木豆干缩率与密度表

树名	全干干缩率（%）		气干干缩率（%）		密度（g/cm³）
	弦向	径向	弦向	径向	气干密度
香脂木豆	6.5 ~ 6.7	4.0 ~ 4.2	6	3	0.90 ~ 1.09

3. 木材性质

干缩中至大。木材中至重，强度高。耐腐至甚耐腐，抗白蚁和虫菌危害，心材防腐剂浸注困难。由于纹理交错，加工略难，但切面光滑；涂饰略难。

七、黑核桃 *Juglans* spp.（流通商品名：黑胡桃）

1. 科属信息

核桃科核桃属。本属约 20 种，分布于欧洲东南部、亚洲东部及南北美洲。现介绍分部于北美洲的黑核桃（*J. nigra*）。

2. 木材特征

大乔木，树高约 30m，可达 45m；树干通直少节，枝下高 15 ~ 18m；树径可达 1.2 ~ 1.8m 或以上。半环孔材。心、边材色区分不明显或略明显；心材紫褐至黑褐色，具黑色条纹，边材黄白色生长轮明显。木材光泽弱，无特殊气味和滋味。纹理直或有美丽的波浪、皱状或斑状花纹（由树瘤、树杈和根材形成），结构较粗。

图 4-11 黑核桃

表 4-7 黑核桃干缩率与密度表

树名	全干干缩率（%）		气干干缩率（%）		密度（g/cm³）
	弦向	径向	弦向	径向	气干密度
黑核桃	7.8	5.5	3.5	2.5	0.56 ~ 0.67

3. 木材性质

干缩小，干材尺寸稳定性中，木材重量轻，强度中。甚耐腐，不抗粉蠹虫危害；心材防腐剂浸注困难。干燥宜慢，有蜂窝裂的倾向。加工不难；涂饰、抛光及胶黏性良好。

八、桃花心木 *Swietenia* spp.（流通商品名：桃花心木）

1. 科属信息

楝科桃花心木属，本属 7 ~ 8 种，有名的是大叶桃花心木（*Swieteniamacrophylla*）及桃花心木（*Swieteniamahagoni*）。前者长于雨量充沛的中南美洲大西洋沿岸及巴西西部；后者原产于大西洋中的古巴等岛屿。

2. 木材特征

原产热带美洲，引种于东南亚。作为世界有名的室内装饰及家具用材。外观漂亮。大乔木，高可达 40m，胸径可达 1.5m。心、边材区别明显；边材色浅，呈淡黄色；心材颜色变异大，从淡粉到深红褐色，光泽强，生长轮明显，纵切面管孔内可

见到深褐色或黑色的树胶，弦切面可见到带状薄壁组织形成的细线。木材纹理交错，

图 4-12 桃花心木

表 4-8 桃花心木干缩率与密度表

树名	全干干缩率（%）		气干干缩率（%）		密度（g/cm³）
	弦向	径向	弦向	径向	气干密度
桃花心木	2.9 ~ 5.7	2.1 ~ 3.3	2.2	1.4	0.56 ~ 0.67

所以常形成条带状花纹。

3. 木材性质

重量中等，结构细而匀。干缩小，强度中等。木材易干燥，少缺陷。耐腐性中等，心材耐久性好。加工容易，切面质量好，比强度高，胶合、抛光及握钉力均好。

九、阔叶黄檀 *Dalbergia latifolia*（流通商品名：黑酸枝）

1. 科属信息

豆科黄檀属，黑酸枝类。主要分布于印度及印度尼西亚的爪哇。

2. 木材特征

大乔木；树高约 43m，枝下高 3 ~ 5m；树径约 1.5m。心、边材色区分明显；心材浅金褐、黑褐、紫褐或深紫红色，久则转黑，常有较宽但相距较远的紫黑色条纹，木刨花或木屑浸出液有明显紫色调；边材薄，3 ~ 4cm，黄白色。生长轮不明显或略

明显。木材有光泽；新切面有酸香气；无特殊滋味；纹理交错；结构较本类其他种粗。

3. 木材性质

图 4-13 阔叶黄檀

表 4-9 阔叶黄檀干缩率与密度表

树名	全干干缩率（%）		气干干缩率（%）		密度（g/cm³）
	弦向	径向	弦向	径向	气干密度
阔叶黄檀	5.7 ～ 6.4	2.5 ～ 2.9			0.77 ～ 0.86

干缩中至大，干材尺寸稳定性优。重量重至甚重。强度高，握钉力良。木材甚耐腐，略抗白蚁性侵袭；心材防腐剂浸注困难。干燥困难，易开裂，特别是端裂；干燥速度不宜太快；据报道窑干宜在温度 43.3 ～ 71.5℃、相对湿度 34% ～ 36% 的条件下进行。加工不难，刨面光滑，车旋亦易，着色、抛光性及胶黏性良好。

十、大果紫檀 *Pterocarpus macrocarpus* （流通商品名：花梨木）

1. 科属信息

豆科紫檀属，花梨类。主要分布于缅甸、泰国、老挝等地。

2. 木材特征

中至大乔木；树木通常高 18 ～ 25m，可达 30m；枝下高约 8m；树径 50 ～ 100cm。心、边材色区分明显；心材橘红、砖红或紫红色，常带深色条纹，划痕可见至明显，木刨花或木屑水浸出液荧光明显；边材薄，灰白色。生长轮略明显。木材新切面有光泽；

图 4-14 大果紫檀

表 4-10 大果紫檀干缩率与密度表

树名	全干干缩率（%）		气干干缩率（%）		密度（g/cm³）
	弦向	径向	弦向	径向	气干密度
大果紫檀	5.1	3.4			0.80 ~ 0.87

香草味浓郁，无特殊滋味；纹理交错；结构中。

3. 木材性质

干缩率小至中，木材重，钉钉困难。木材甚耐腐，心材防腐剂浸注略难。干燥性能颇良，开裂略严重，翘曲未见。木材加工困难，特别是干材，与纹理交错有关。涂饰及胶黏性颇良。

十一、番龙眼 *Pometia* spp.（流通商品名：唐木）

1. 科属信息

无患子科番龙眼属。主要分布从斯里兰卡、安达曼，经东南亚新几内亚到萨摩亚群岛。

2. 木材特征

乔木；高达 23 ~ 45m，直径 60 ~ 90cm。心材浅红褐色或红褐色，通常与边材区别不明显。生长轮略明显。木材具光泽；无特殊气味和滋味；纹理直至略交错；

图 4-15 番龙眼

表 4-11　番龙眼干缩率与密度表

树名	全干干缩率（%）		气干干缩率（%）		密度（g/cm³）
	弦向	径向	弦向	径向	气干密度
番龙眼			6.1	3.1	0.60 ~ 0.74

结构细而匀。

3. 木材性质

木材重量中，接近重；硬度中；干缩大；强度中。木材干燥困难，因干缩率大易开裂和变形。干燥稍慢，15mm 厚板材气干需 3 个月；40mm 则需 5 个月。木材稍耐腐至耐腐；易感染小蠹虫及海生钻木动物危害；干材浸注性能中等，心材难浸注。木材加工容易，锯解板面光洁；胶粘、油漆、染色性能良好。

十二、圆盘豆 *Cylicodiscus* spp.（流通商品名：圆盘豆）

1. 科属信息

含羞草科。在塞拉利昂、喀麦隆到加蓬、刚果等热带雨林地区普遍生长，在尼日利亚、加纳特别丰富。

2. 木材特征

大乔木；高可达 55m 以上，直径通常 1m 以上，枝下高可达 24m，主干圆柱状，

图 4-16 圆盘豆

表 4-12 圆盘豆干缩率与密度表

树名	全干干缩率（%）		气干干缩率（%）		密度（g/cm³）
	弦向	径向	弦向	径向	气干密度
圆盘豆	7.2 ~ 10.4	4.0 ~ 7.3	3.5	3.0	0.77 ~ 1.11

具板根。心材金黄褐色，与边材区分明。边材浅黄色，宽 5 ~ 8cm。生长轮不明显。木材具光泽；生材时有不愉快气味，干时无特殊气味和滋味；纹理交错；结构细面匀。

3. 木材性质

木材甚重；干缩甚大，强度高。木材干燥慢；表面和端部有开裂倾向，但翘曲并不严重。木材很耐腐；抗蚁蛀和抗海生钻木动物危害；边材易被小蠹虫危害；防腐剂浸注困难。具很好的耐候性；耐磨性也好。锯、刨等加工困难，因纹理交错不易刨光。

第三节 地暖实木地板用涂料

地板涂饰是地暖实木地板生产的关键工序之一，是地暖实木地板使用性能与表观质量的重要保障手段。其不仅可以保护地板表面，赋予地板的防潮能力，提高地板的尺寸稳定性，同时也可以赋予地板更为丰富美丽的材色和光泽。常用地板涂料：聚氨酯涂料、紫外光固化涂料、水性涂料、木蜡油。

一、聚氨酯涂料

聚氨酯涂料是聚氨基甲酸酯涂料的简称，又称 PU 漆，是由多异氰酸酯（主要是二异氰酸酯）和多羟基化合物（多元醇）反应生成，以氨基甲酸酯为主要成膜物质的涂料。在木质制品中使用的是双组分羟基固化型聚氨酯涂料。

双组分聚氨酯涂料的一个组分为含异氰酸基的预聚物（俗称固化剂），另一组分是带羟基的聚酯或丙烯酸等树脂（俗称主剂），两组分分开包装，使用前按一定比例混合，则异氰酸酯基与羟基发生化学反应而形成聚氨酯高聚物（漆膜）。为了便于施工，还需加入溶剂和一些助剂，常用溶剂为醋酸丁酯、环乙酮、二甲苯，若做不透明涂饰尚需加入着色颜料和体质颜料。涂饰方式以淋涂为宜。

聚氨酯涂料的优点是：①漆膜附着力好；②耐候性优良，耐化学药品性好，耐水、硬度高、耐磨性优良；③漆膜饱满。其缺点是：①施工性差，PU 漆对水分敏感，如木材水分过高或生产环境潮湿，漆膜上易形成气泡、针眼或变色等缺陷；②异氰酸酯中的 -NCO 基有毒性，对呼吸道有较强的刺激性，会诱发哮喘、气管炎等疾病；③固化时间长，通常要 3～7 天才能才能完成全部生产。

由于聚氨酯漆在生产过程中会产生大量的 VOC（挥发性有机物）排放，从环境保护的角度出发，此类产品将逐渐被淘汰。

二、木蜡油涂料

木蜡油涂料是一种以天然植物油和蜡为基料，食品级色素为调色料的纯天然木器涂料，能完全渗入木材纤维，表面不形成覆盖膜，透气、防水、耐紫外线照射，是新一代天然绿色涂料。原料主要以梓油、亚麻油、苏子油、松油、蜜蜂蜡、植物树脂及天然色素融合而成，调色所用的颜料为环保型有机颜料。因此不含三苯、甲醛以及重金属等有毒成分，没有刺鼻的气味，可替代油漆的纯天然木器涂料。

木蜡油的作用原理不同于涂料，其不形成漆膜，而是依靠其中的油渗透进木材内部，给予木材滋润养护，所含的蜡能依附于木材纤维表面，增强表面硬度，耐磨耐擦。因此，理论上讲，其可以给地板提供出色的装饰效果。但耐水和耐污性弱。涂饰方式一般以刷涂和擦涂为主。

三、紫外光固化涂料

紫外光固化涂料简称 UV 漆，其涂层必须被一定波长的紫外线辐照后才能固化。UV 漆是由光敏低聚物、活性反应单体、光引发剂、功能性助剂组成。光敏树脂是不饱和树脂，包括线型不饱和聚酯和丙烯酸环氧树酯等。活性反应单体有各类丙烯酸酯类单体，其作用是调整涂料黏度，使之便于涂布，并在固化时全部参与交联。光引发剂能吸收紫外光并产生活性自由基，从而引发自由基或阳离子聚合反应，有安息醚类、蒽醌、1173、184、TPO 等。功能性助剂包括颜料、附着促进剂及表面改性剂等。

紫外光固化涂料固化原理是当光引发剂受一定波长（主波长 360 埃）紫外光照射时，激发而分解活性自由基，引发光敏树脂与活性反应单体之间共聚反应而迅速形成立体网状结构的固态漆膜。紫外光固化涂料的特点是固化速度快，只需几秒到几十秒涂层即干，可以打磨，固化时受热影响小，其 96% 以上组分能固化成膜，涂一次即可得到相当厚的漆膜，效率高，不污染环境。漆膜性能优良，硬度、耐磨性、耐污性均较优异。但损伤的漆膜难以修整。辊涂面漆的效果略差于聚氨酯漆。涂饰方式一般为淋涂或辊涂。

由于紫外光固化涂料更加环保，而且漆膜性能优异，所以市场上主要以紫外光固化涂饰的地暖实木地板产品居多。由于地暖实木地板使用时温度及湿度波动较大，地板的胀缩尺寸也会较大，长期使用，表面涂层会出现裂缝甚至剥落，所以对涂层的附着力和韧性有更高的要求。

四、水性涂料

水性涂料是指成膜物质可以稳定分散在水相中形成乳液的涂料。由能均匀分散于水中成胶体分散液的水性树脂制成。水性涂料的基本组成包括聚合物乳液或分散体、成膜助剂、消泡剂、流平剂、增稠剂、润湿剂、香精等，其中聚合物乳液或分散体是成膜的基料，决定了漆膜的主要性能。双组分水性聚氨酯漆：一组分是带 -OH 的聚氨酯分散液；二组分是水性的固化剂，主要是脂肪族的。此两组分混合后使用，通过交联反应，可以显著提高耐水性、硬度、丰满度，光泽亦有一定的效果，综合性能较好。

由于水性涂料本身含有部分水分，故对于在地暖实木地板上的应用，可能还需要一个过程。

第五章 地暖实木地板生产流程与加工工艺

众所周知，不是所有的木材都能做实木地板，也不是所有的实木地板都能适用于地暖环境。这是由木材的自身特性和对地暖使用环境条件的严苛特点所决定的。所以相对于其他实木地板的生产工艺而言，地暖实木地板产品的生产流程与加工工艺，有其更高的标准与要求。

地暖实木地板的生产流程基本如下：

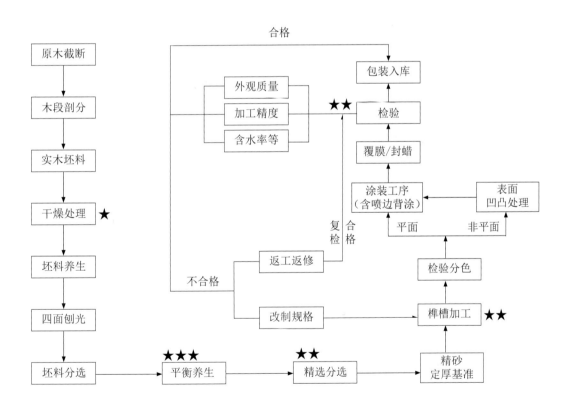

图 5-1 地暖实木地板生产流程图

注："★"代表工序的重要程度

第一节 原木加工

一、选材

选材是地板制材生产的第一道工序。对原木进行初选，可获得适用于制作高品质的地板原料，通常来说，原木应通直、匀称、不扭曲、无腐朽和死节等。高品质的原木是生产高品质地暖实木地板的前提。

二、造材

造材（见图5-2）就是将原木截成一定长度规格的制材过程，需要考虑地板长度的加工余量。根据原木的总长度及原木质量，加工成地板长度规格要求的原木段，并估算剩余木段可以加工何种长度的地板。通常截断前需要进行木段设计，同时避开必要的木材缺陷，木段的长度要比地板成品长度长 2 ~ 3cm，以作为后续加工的

图 5-2 造材

图 5-3 剖料

图 5-4 剖分

余量。将设计出的结果标注到原木上，再用链锯截断。

为防止原木截断后水分释放太快，以及后续干燥作业引起开裂，需要在横截面进行刷蜡封闭处理。

三、锯解

本工序包括剖料（见图 5-3）和剖分（见图 5-4）两个步骤。

1. 剖料

将截断后的木段用锯机加工成等厚的厚板锯材。

2. 剖分

将厚板锯材用小带锯剖分成等厚的地板毛坯料（俗称"水板"）。根据原木的大小、形状、外观质量等情况以及所需地板毛坯料的规格，合理安排锯口位置和尺寸下锯，以获得最佳的锯材等级和出材率。剖料下锯的尺寸以地板的宽度尺寸为基准；剖分下锯的尺寸以地板的厚度尺寸为基准，并考虑后续的干燥余量和加工余量。

（1）干燥余量：不同的树种，干燥过程中的干缩率各不相同；同一树种的纵向、径向、弦向干缩率也不相同。毛坯料尺寸越大，干缩量越大，预留的干燥余量就越大。所以干燥余量应根据树种和待加工毛坯料的尺寸进行合理预留。

（2）加工余量：加工余量的大小与地板的企口尺寸有关。特别是采用锁扣结构的地板，工艺损耗比平扣实木地板高 8% 以上。

第二节　坯料干燥

一、干燥

干燥就是在通过控制介质温度和相对湿度的条件下，对木材加热，使木材内部水分向表层移动、表层水分向外界蒸发，逐步从木材中排出水分的过程。

毛坯料干燥是地板生产不可缺少的重要工序。通过干燥，可以提高毛坯料的稳定性，防止毛坯料的开裂和变形；提高使用强度，改善切削加工性能；便于储存和运输。另外，通过干燥可以预防地板毛坯料腐朽和虫害，由于木材是天然高分子聚合体，湿的木材如不采取适当的保护措施，会发生腐朽和虫害，经过 60℃ 以上温度干燥处理后，当木材的含水率降低到 15% 以下时，可以杀死木材内部的虫卵并减少菌类和害虫的侵害和破坏，不仅保证了毛坯料的固有品质，而且也提高了抗腐蚀能力。

锯解后的毛坯料，应整齐堆码于平整的托盘上，上下层之间用隔条均匀隔开，且隔条放置时上下对齐。进干燥窑堆垛后顶部用重物压实，以减少烘干过程中毛坯料翘曲变形。

　　毛坯料的干燥（见图5-5）通常分为4个阶段：预热阶段、干燥阶段、终了阶段、冷却阶段。

　　1. 预热阶段

　　坯料进窑后，必须进行喷蒸处理，使木材在不蒸发水分的情况下进行预热。

　　2. 干燥阶段

　　预热阶段结束后，窑内的温度和湿度应按干燥基准规定进行调节和控制（见表5-1，以印茄木为例），基准阶段转换时应缓慢过渡，不可急剧升高温度或降低湿度。不同的树种，有不同的干燥工艺基准，以避免开裂、变形等现象。

　　干燥过程中，操作人员应多注意观察干燥设备运行情况及毛坯料变化情况，如发现有质量问题应及时采取措施进行处理。

图 5-5　干燥

表 5-1 印茄木干燥基准规定数据表格

含水率范围（%）	干球温度计（℃）	湿球温度计（℃）	相对湿度（%）
>40	43.5	41.0	87
40 ~ 35	43.5	40.5	84
35 ~ 30	43.5	39.0	76
30 ~ 25	49.0	41.0	62
25 ~ 20	54.5	37.5	35
20 ~ 15	60.0	32.0	15
<15	71.0	43.5	21

3. 终了阶段

当毛坯料含水率达到要求指标时，为消除残余应力和平衡板材内外及板材之间的含水率差异，还必须进行一次喷蒸处理。

4. 冷却阶段

在终了阶段结束后，由于毛坯料的温度还很高，和窑外温度相差很大，应冷却到适宜的温度（一般窑内外温差小于20℃方可出窑），以防立即出窑引起毛坯料开裂。毛坯料烘干出窑的含水率要求控制在8% ～ 15%。坯料烘干的周期一般在15 ～ 30 天。

二、养生

毛坯料出窑后，必须在仓库环境中静置一段时间，这个过程称为养生（见图5-6）。经过干燥的外力作用，温度的改变、含水率的改变，会使毛坯料产生内应力，养生就是让毛坯料温度降低到环境温度，内应力逐渐释放。养生过程中，毛坯料会继续变形，同时还是和自然环境含水率平衡的过程。养生是为了最大限度地减少内应力对地板稳定性的影响。通常需要10 ～ 20 天的养生期，特殊情况下需要6 个月以上甚至更长的时间。

三、刨光

刨光（见图5-7）是对经过干燥和存放养生后的地板毛坯料进行定宽、定厚刨光加工的工序，以得到适合加工成地板的坯料。

技术要求：宽度偏差：0 ～ +1mm；厚度偏差：0 ～ +0.2mm。

按标准要求（活节、死节、蛀孔、腐朽、裂纹等项目）进行分等；板面需无缺棱，无明显翘曲。

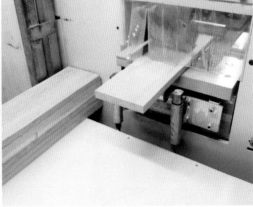

图 5-6 养生　　　　　　　　　　　图 5-7 刨光

第三节 平衡养生

坯料的平衡养生是地暖实木地板生产极其重要的一个环节。坯料水分的均匀性决定了地暖实木地板产品的质量。

一、平衡

坯料在烘干时，出窑的含水率有较大的偏差，不能满足在地暖条件下使用、需要再进行一次水分的平衡（见图 5-8、图 5-9），以确保坯料含水率的均匀性。

因坯料平衡前的含水率与烘干前的含水率不同，所以坯料平衡的控制过程也不同于坯料烘干的控制过程。坯料经过平衡，在 45 ～ 50℃ 的高温环境下，已经相当于经历了一个地暖使用周期的考验。在这种恶劣条件下，坯料的一些缺陷（如端裂、暗裂等）也会明显的显现出来，便于后续分选时挑出。含水率偏差一般在 ±0.5% 以内。平衡的周期一般在 7 ～ 15 天。

图 5-8 平衡窑

图 5-9 平衡自动控制系统

图 5-10 二次养生

二、二次养生

经过平衡后，坯料内部由于含水率发生了变化，又产生了内应力，所以，坯料需要在恒温恒湿的平衡养生房里静置养生一段时间，消除木材的残余应力，从而可以保证地暖实木地板的稳定性。二次养生（见图5-10）的周期一般需要6～12天。

以印茄木和柚木为例的"养生"工艺如下：

1. 印茄木的平衡养生

坯料进窑后，逐渐进行加温，升温速度以1～2℃/小时为宜，升温到42℃后，保持15小时；继续升温到50℃，保持30小时；预热充分后，在50℃条件下，分阶段逐步进行除湿操作，以到达设定的含水率；最后进行降温（一般需要24～48小时）。出窑后转入平衡养生房，进行养生。养生房内的温度控制在30～40℃，且温湿度视季节而有所调整，以确保养生房内稳定的木材含水率要求。

2. 柚木的晾晒养生

柚木作为世界公认最好的地板材料，因为富含铁质和油质，具有优美的墨线、斑斓的油影，构成了其独特的天然纹理。其带有一种独有的自然醇香，能驱虫、蚁。更重要的是柚木地板表面的颜色能通过太阳光合作用而呈现金黄色，且颜色随时间的延长而更加美丽。基于柚木的这个特性，柚木地板需要有专门的自然晾晒养生场地和工序，以促进柚木地板表面达到比较均匀的颜色。

通常，在地板企口作业完成后，会对柚木地板进行晾晒，以使地板表面颜色呈现金黄均匀的效果。充足的日晒，是保证颜色均匀的关键。晾晒时间的长短需要很好的把握，春夏秋冬，各不相同。在柚木自然晾晒的过程中要细心把握颜色变化，为避免阳光暴晒地板水分挥发过快，需适时洒水，以补充水分。晾晒时间不够，板面的颜色会不够均匀。

图5-11 柚木晾晒养生

晾晒时间的掌控，直接关系到柚木地板纹理是否清晰漂亮，要做到这一点需要长时间的经验积累（见图5-11）。

第四节 坯料分选

经过平衡养生后，需要对每一块坯料进行精挑细选，认真检查。坯料经过烘干、平衡、养生后，尺寸会有收缩，部分坯料的尺寸（长度、宽度、厚度）可能不能满足生产要求。选板时需要充分考虑到后续生产的加工余量，以免宽度不足，导致后续企口作业锁扣榫槽不饱满而影响锁扣部位的吻合和拉力。有些坯料还会有开裂、扭曲的现象，必须挑出；选定基准直边也很关键，可避免后续企口作业时，锁扣榫槽的不饱满或拼装离缝现象的发生；仔细检查每一块坯料的正反面，将合适的一面作为地板生产的正面，分级分等并对颜色深浅进行适当分选划分，做好标识。

根据木材的自然缺陷（节子、色差等）、纹理进行精选，以适合不同的产品风格（见图5-12）。对于部分有缺陷或瑕疵而不能满足生产的坯料，可通过改制规格、平刨等操作再次加工，以符合生产其他规格产品的尺寸要求。

由于木材的天然属性，所以坯料分选的每个质量控制项目，都决定了后续生产时地板的质量和出材率，不能有一丝一毫的疏忽。岗位上的每个人需要分工明确，做到环环相扣，工序上下相互检查，上道工序对下道工序负责，下道工序对上道工序检查，合格后进入下一工序。

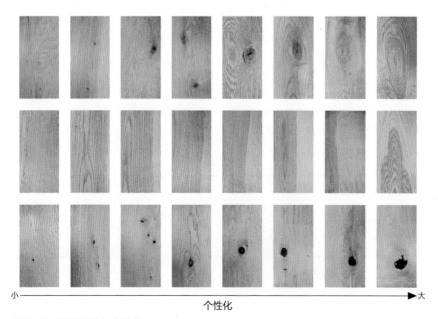

小 ——————————— 个性化 ——————————→ 大

图5-12 板材缺陷与个性化

第五节 榫槽加工

地暖实木地板大多会采用锁扣结构，如此相互拼接后才能形成一个整体。所以，锁扣扣型、加工精度、锁扣榫槽的饱满程度，都会影响到地暖实木地板的安装及使用效果。

一、砂光定厚

对坯料的正面进行砂光、定厚，确保板面的平整度，以满足后续生产的加工精度；并对砂光的板面质量进行认真检查。地板的厚度偏差过大，会影响到地板的拼装高度差。

砂带的砂粒选用刚玉材质，粒数越小，砂削量越大，砂削表面越粗糙。由于定厚砂光的砂削量较大，一般选用粒数为P24、P40、P80三种规格的砂带组合，以达到最好的砂光效果。

技术要求：砂光后厚度符合生产要求；两边厚度偏差≤0.10mm；板面砂光平整，无明显砂光波纹及漏砂的现象（见图5-13）。

图 5-13 砂光机及砂光定厚

图 5-14 双端铣

图 5-15 双端企口

二、双端企口

通过双端铣（见图 5-14）设备先由锯片对坯料进行定长，再经刀具铣出双端相互吻合的锁扣榫、槽（见图 5-15）。

技术要求：地板长度尺寸偏差 ≤ 0.50mm；锁扣各部位尺寸偏差：±0.06mm；倒角均匀一致；拼装离缝 ≤ 0.10mm；榫槽饱满。

三、长边企口

通过四面刨（见图 5-16）设备，对坯料进行定厚、定宽，并通过型刀和扣刀的组合刨铣出长边的锁扣榫、槽（见图 5-17）。

技术要求：地板宽度尺寸偏差 ≤ 0.10mm；厚度偏差 ≤ 0.20mm；锁扣各部位尺寸偏差：±0.06mm；倒角均匀、一致；榫槽饱满、松紧度适宜；无明显加工波纹。

由于地暖实木地板一般采用都是锁扣结构设计，故对双端企口和长度企口所采用的设备配置、刀具配置和加工精度都有非常高的要求（宜采用优质的金刚石刀具，且刀轴转速要达到 8000 转 / 分钟），以确保产品的加工尺寸、拼装高度差、拼装离缝、拼装松紧度符合要求。加工精度偏差过大，会导致拼装离缝、拼装高度差、响声、锁扣拉力过小、拼装易损坏企口等问题的发生。

由于锁扣部位为异形，正常测量非常困难，必须将地板的扣型切片通过投影仪放大后与标准锁扣图样进行对比，检查实际生产扣型与标准图样是否存在偏差，再根据投影仪上显示的数值偏差对开槽所对应的刀具进行调整，以满足生产质量要求。

投影仪精确度高，能避免人为因素造成的质量评定差异。不仅可针对同一批产品进行校对，也可以对不同批次产品的锁扣进行对比，实现无差异拼装。每批次产

图 5-16 四面刨机组

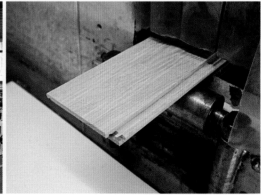

图 5-17 长边企口

图 5-18 廓形投影

图 5-19 拼装检验

品生产前，都必须进行检测。发现偏差，及时调整，避免扣型出现过松、过紧、存在高度差等质量问题（见图 5-18）。

对每一批生产完的地板还需要进行抽样拼装检验，检查拼装离缝和拼装高度差是否达到要求（见图 5-19）。

技术要求：拼装离缝 ≤ 0.10mm；拼装高度差 ≤ 0.10mm。

第六节 仿古工艺

早在 20 世纪 70 年代，欧美地区就有了仿古地板。因为西方崇尚历史、追求自然，表面做旧和手刮纹的工艺，便开始进入地板、家具制作中。仿古地板保留木材的自然纹理的同时，人为增添色彩、表面凹凸不平的元素，给人一种高雅、复古和个性化的享受。

仿古工艺一般在企口作业完成后进行，常见的仿古地板工艺有以下几种：

一、刮痕

通过手工（或机器）刨、凿、锉、锯等工具对地板表面进行凹凸加工处理（见图 5-20）。

二、拉丝

由于早晚材（早材质地较软）的木材硬度不同，通过拉丝机上的钢丝辊和抛光辊对表面加工，早材部分会刷出沟痕，使地板表面形成轻微凹凸不平的立体感（见图 5-21）。

图 5-20　刮痕　　　　　　　　　　　　图 5-21　拉丝

图 5-22　修补处理　　　　　　　　　　图 5-23　颜色处理

三、修补处理

通过利用刀具等，根据进行人为扩大或人为制造木材的天然缺陷（节子、裂纹），再用树脂进行修补，产生自然美感的艺术风格（见图 5-22）。

四、颜色处理

通过对地板的特殊部位或特定区域（如颜色较深的区域或地板的四周部位）进行颜色加深处理，突出深浅色的颜色差距，产生更好的视觉效果（见图 5-23）。

随着许多消费者个性化的需求，仿古工艺还可以通过以上几种方式的组合达到更好的艺术效果。随着技术的发展，还会有新的仿古工艺效果出现。

第七节 涂饰工艺

涂饰是通过对地板表面进行着色、砂光、涂饰涂料等一系列加工，形成一层涂膜，使地板具有一定的色彩、质感、光泽以及耐磨性、耐水性等性能，从而延长地板的使用寿命。地板涂饰是地暖实木地板生产的关键工序之一，对使用性能与表观质量具有重要保障作用。不仅可以保护地板表面，在显现丰富美丽的材色和光泽的同时，赋予地板一定的防潮能力，并提升地板的尺寸稳定性。尤其通过对地板的侧面、背面进行涂装和封闭处理，可有效减少地板底部水分对其稳定性的影响。当前，这一处理工艺已成为主流生产企业基本的配置工序。

一、选板

由于地板存在天然的颜色差异，有些木材特别明显，需要对完成企口作业的地板（半成品）进行分选，将深色、浅色分开，单独堆码，以便后续涂装作业适当调整着色颜色深度，减少色差；并将不合格的地板挑出。

二、长边喷涂

对地板长度方向的企口部位用 UV 涂料进行喷涂，固化。

技术要求：喷漆均匀。

三、背面涂漆

对地板的背面进行涂装，可防止地板背面在地暖环境下吸收水分变形。一般进行本色处理（不加颜料），可以让消费者直观看到地板用材的自然颜色、纹理。

四、精砂

对地板的表面进行精砂，确定地板的厚度，清除板面产生的毛刺、污染等缺陷，提高表面的平整度、光洁度，降低表面粗糙度，为打造好的表面涂装效果提供必要

图 5-24 涂装生产线

的基础。

由于对板面砂光要求高，砂带宜选用粒数为 P80、P120、P180 的规格，砂粒为刚玉材质。

技术要求：地板两边厚度偏差 ≤ 0.10mm；板面平整，无漏砂，无明显砂光波纹。

五、板面涂饰

板面涂饰是通过对地板正面进行涂饰作业（着色、辊涂、固化、砂光等操作），以满足不同用户对花色、风格的需求及使用性能（见图 5-24）。市场上主要以 UV 涂料涂饰为主，故对此工艺略作介绍。

1. 水性着色

通过海绵辊将水性附着剂辊涂于板面，并通过毛刷让颜色能更好的渗透到木材里，使木材的纹理更清晰，辅助提升木材与后续 UV 涂料的附着力。为保证产品颜色的批次延续性，每一种产品都必须有固定的颜料配比。在批量生产前，必须进行对色，以确保产品颜色（见图 5-25）。

2. 腻子

针对平面产品，通过重型辊涂机或轻型腻子机，将腻子填充到木材的管孔，起找平作用。一般非平面仿古产品不需要此操作。

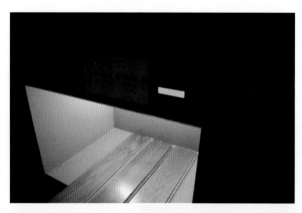

图 5-25 颜色比对

图 5-26 本色涂饰、着色涂饰和仿古涂饰（由左至右）

3.附着力底漆

附着力底漆让 UV 漆层与木材和水性附着剂之间有良好的层间附着力，使整个地板涂层能够牢固的附着在地板上。

4.耐磨底漆

耐磨底漆含有三氧化二铝（Al_2O_3），对抗外部破坏及摩擦，使地板能持久耐用，另外对漆膜的硬度也有提升。

5.砂光底漆

辊涂砂光底漆固化后，通过对表面砂光，去除木刺和表面颗粒，可以让漆膜表面更平整光滑，为涂布面漆做准备。砂带的砂粒必须选用碳化硅材质，粒数为 P240、P320、P400 三种型号。为提高漆膜平整度，一般会进行多次辊涂。

6.耐刮擦面漆

耐刮擦面漆为地板提供细腻润泽的表面效果，具有耐磨、耐刮擦、耐污染、防滑等性能。另外油漆的光泽度也是通过耐刮擦面漆来调整。

涂饰方法有很多种，可以按照不同的标准分类。根据涂层透明度（木纹的显现与遮盖）分类，分为透明涂饰与不透明涂饰两类。透明涂饰保留木材的天然花纹与颜色；不透明涂饰掩盖了木材的天然花纹与颜色。按照基调色彩的不同，分为本色涂饰、着色涂饰、仿古涂饰三种类型。本色涂饰是在木材表面不涂饰底色，只是在木材上直接涂饰透明油漆的工艺；着色涂饰是对木材进行着色处理，制成深浅程度不同的装饰效果；仿古涂饰是通过特殊着色处理，将木材制成边部色彩深、中间颜色浅的效果（见图 5-26）。据漆膜光泽度分类，分为：高光（光泽在 80% 以上），7 分光（光泽 60% ~ 80%），5 分光（光泽在 40% ~ 60%），3 分光（光泽在 20% ~ 40%），全哑光（光泽在 0 ~ 20%）。根据是否填孔分类，分为填孔涂饰（全封闭）、半显孔涂饰（半开放）与显孔涂饰（全开放）。填孔涂饰用腻子与底漆将木材管孔全部填实；显孔涂饰，不填孔，多为薄涂层，管孔显露充分表现木材的天然质感；半显孔者介于二者之间。

在生产过程中，除水性着色需要通过红外线烘干外，所有的 UV 涂料都必须通过紫外光进行固化。但必须控制相应的固化程度，以确保涂层的层间附着力。为了使不同涂层间有充分层间结合力，需要采用半固化；用于填平砂光的涂层，采用表干固化；最后一道面漆层，需要进行全干固化。

技术要求：无明显辊痕、加工波纹、无漏漆；漆膜附着力、漆膜硬度、漆膜表面耐磨、漆膜抗冲击、漆膜耐污染等性能符合内控要求。

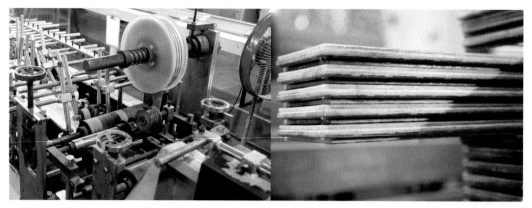

图 5-27 覆静音膜

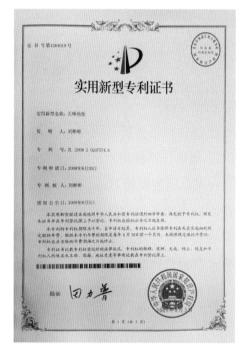

图 5-28 天格静音专利

图 5-29 静音膜检测报告

六、覆静音膜

由于地暖实木地板的锁扣结构设计，静音膜（见图 5-27）可以有效避免地板安装后锁扣咬合部位木材直接挤压摩擦产生响声。静音膜需采用聚乙烯材质及环保的水性压敏胶，不含有甲醛等有害物（见图 5-28 和图 5-29）。技术要求：覆膜均匀，无皱褶。

七、双端封闭

由于地板长度方向吸湿或解吸的速度远大于宽度和厚度方向，对地板双端进行封闭技术处理（见图5-30），能有效控制地板吸收和释放水分的速度，提高地暖实木地板的稳定性。

双端封闭是通过加温将防水蜡液化，利用封蜡机将液体蜡均匀涂饰在地板端头，达到防水效果。

第八节 出厂检验与包装

成品地板按标准外观质量要求，实施片检；对规格尺寸（加工精度）实施拼装检验（见图5-31）；对地板物理性能进行抽样检测，检验合格，方可包装入库。包装上要有完整的产品信息，主要有：厂名厂址、产品名称、规格、数量（m^2）、产品等级、执行标准、生产日期或批号、木材名称（拉丁名）或流通商品名、涂饰方式等，非平面地板应注明。

地暖实木地板的性能检测主要分为含水率检测、漆膜性能检测和尺寸稳定性检测。

一、含水率检测

含水率作为地暖实木地板的关键性指标，生产过程中的含水率检测也至关重要。

图 5-30 双端封闭

图 5-31 检验包装入库

生产过程中，含水率的检测方法一般采用电测法，但电测法须根据不同的树种、不同的密度选择相应的档位，且此法测量相对准确。所以电测法测量仪必须定期和绝干法进行含水率校核（见图5-32）。

二、漆膜性能检测

涂料是一种高分子胶体混合物的溶液，涂饰在地板表面后，形成固态的漆膜。地暖实木地板的漆膜应具备一定的装饰保护性能。

漆膜性能的检测包括：漆膜附着力、漆膜硬度、漆膜表面耐磨性、漆膜抗冲击性、漆膜耐污染性。

1. 漆膜附着力

由于地板是由木纤维为主的自然物质，漆膜是一种以高分子为主的化学物质。漆膜涂层与地板表面之间，或涂层与涂层之间的相互结合的能力直接影响地板的使用寿命，特别是地暖实木地板产品。

检查涂层或涂层之间的附着力，通常可以通过下列两个方法进行测定。

（1）Hamberger Planer 检测仪测试法（见图5-33）

Hamberger Planer 检测仪是由德国 Hamberger Industriewerke 检测机构研发的检测工具，可提供确切的检测数据。

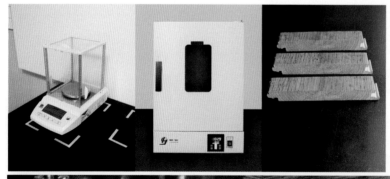

图 5-32 绝干法含水率检测

图 5-33 Hamberger Planer 检测仪

通过一片金属片向边缘横跨地板涂饰表面，用前推式且通过预先调设的压力划动。采用牛顿（N）作为测量单位。该测试是通过压力下划（或不断下调压力下）在涂层上划出第一道白色标记时所获得数值作为测试结果。

国家标准：无。内控标准：测量值 ≥ 20N。

（2）百格法

通过一定切削角度的多角式刀头，在已涂饰的地板表面上采用直角交叉式划割表面，划割不宜采用顺木材纹理方向。在划切后，应用刷子清除表面碎物，初步检查判断经划过的表面，再以胶粘带粘贴其表面，以均衡速度向上将胶粘带拉离，检查表面结果，按表5-2判断。

2. 漆膜硬度

由于地板可能会受到外力的摩擦与撞击，因此要求涂膜应具有适宜的硬度，但

表5-2　百格法测定表

等级	现象	发生脱落的十字交叉切割区的表面外观	实用工具及切割区示例
0	切割边缘完全平滑无一格脱落		
1	在切口交叉处有少许涂层脱落，但交叉切割面积受影响不能明显大于5%		
2	在切口交叉处和（或）沿切口边缘有涂层脱落，受影响的交叉切割面积明显大于5%，但不能明显大于15%		
3	涂层沿切割边缘部分或全部以大碎片脱落，和（或）在格子不同部位上部分或全部脱落，受影响的交叉切割面积明显大于15%，但不能明显大于35%		
4	涂层沿切割边缘大碎片剥落和（或）一些方格部分或全部出现脱落，受影响的交叉切割面积明显大于35%，但不能明显大于65%		
5	剥落程度超过4级		

图 5-34 漆膜硬度检验

图 5-35 漆膜耐磨检验

漆膜硬度并非越硬越好，过硬的涂膜易脆裂。漆膜硬度是表示漆膜机械强度的重要性能之一，即地板漆膜表面对作用其上的另一个硬度较大的物体所表现的阻力。这个阻力可以通过一定的负荷作用在比较小的接触面积上，测定漆膜抵抗变形的能力（见图 5-34）。

用铅笔法测定漆膜硬度：将铅笔置于铅笔硬度计内，在平整的地板漆膜表面上，以一定的速度向前推移 7mm，检查地板漆膜表面是否有压痕、漆膜擦伤或刮破。不断更换硬度更大的铅笔，直到漆膜表面出现压痕、漆膜擦伤或刮破，记录下这根铅笔的硬度编号，判定漆膜硬度。

国家标准：≥ 1H。内控标准：≥ 2H。

3. 漆膜表面耐磨性

地板表面的耐磨性（见图 5-35）能反映漆膜对外来机械摩擦作用的抵抗力，是漆膜硬度、附着力和内聚力的综合体现，直接关系到地板的使用性能和装饰效果。

将地板试件称量后安装在磨耗试验仪上，并将粘附 180 目砂布的研磨轮安装在支架上，在每个接触面受力（4.9±0.2）N 条件下磨耗 100 转，测量磨耗值。在磨痕上涂以少许彩色墨水，并迅速用水冲洗或迅速用纸擦去，判定漆膜是否磨透。

国家标准：漆膜磨耗值 ≤ 0.12g；且漆膜未磨透。内控标准：漆膜磨耗值

图 5-36 漆膜抗冲击检验

≤ 0.10g；且漆膜未磨透。

4.漆膜抗冲击性

漆膜抗冲击性是指地板收缩膨胀后，漆膜是否容易脆裂的特性，同时也代表应力消除后漆膜恢复原形的能力。地板漆膜除应具有较高的硬度外，还应具有一定的柔韧性，以适应由于地暖实木地板受温湿度变化而产生的缩胀，加之木材的各向异性，其收缩与膨胀的弦径向也不同。过分坚硬而没有一定韧性的漆膜，不能随着木材的伸缩而变化，就有可能被拉断、开裂或起皱。

漆膜抗冲击性测试通过一个一头装有直径 5 mm 铁球的冲击测试仪完成的。在预设的冲击力下，钢球被射到地板漆膜表面，会在板面留下凹痕，凹痕的深度很大程度上取决于木材本身的硬度。测试时，不断调整预设冲击力检查凹痕圆周边是否出现漆膜龟裂。这一方法也称为漆膜柔韧性测试。由于木材本身硬度的影响，只有在相同木材上进行同样的测试才能有较客观的比较（见图 5-36）。

国家标准：无。内控标准：抗冲击力 ≥ 5N。

5.漆膜耐污染性

漆膜耐污染性是指漆膜经受各种液体（如水、酸、碱、溶剂、饮料等）作用时

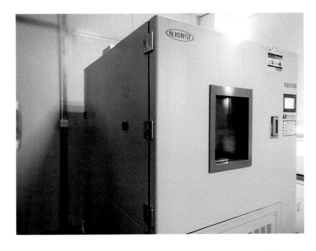

图 5-37 气候箱

不发生变化的性能。固化后的漆膜应具有良好的耐水性即可阻绝水分从木材进出，起到保护木材之作用。不耐水的漆膜遇水时即开始变白、失光、起泡、膨胀甚至脱落；耐污性差的漆膜当遇到酸、碱、溶剂等会失去光泽、遭受破坏等。

三、尺寸稳定性检测

由于地暖使用功能的特殊性，地暖实木地板尺寸稳定性是一个重要的指标，包括耐热尺寸稳定性（收缩率）和耐湿尺寸稳定性（膨胀率）。对地暖使用情况的真实模拟，能有效地对地暖实木地板在高温或高湿情况下尺寸变化情况进行评定。

将制取的试样放置在温度（80±2）℃条件下气候箱（见图5-37）内24小时，测量试样测试前后长度和宽度的尺寸变化，并计算出耐热尺寸稳定性。

将制取的试样放置在温度（40±2）℃、相对湿度（90±5）%条件下气候箱内24小时，测量试样测试前后长度和宽度的尺寸变化，并计算出耐湿尺寸稳定性。

表5-3为地板耐热尺寸稳定性测试表。

表5-3 地板耐热尺寸稳定性指标表

项　目		单 位	国家标准	内控标准
耐热尺寸稳定性（收缩率）	长	%	≤ 0.20	≤ 0.20
	宽	%	≤ 1.50	≤ 1.20
耐湿尺寸稳定性（膨胀率）	长	%	≤ 0.20	≤ 0.20
	宽	%	≤ 0.8	≤ 0.60

第六章　地暖实木地板主流技术

第一节　当前地暖实木地板技术流派

根据《地采暖用实木地板技术要求》（GB/T 35913—2018）国家标准，地暖实木地板的种类，按照连接方式分类，有锁扣地暖实木地板、榫接地暖实木地板和连接件地暖实木地板；按照形状分类，则有平面地暖实木地板和仿古地暖实木地板；按照表面涂饰方式分类，有漆饰地暖实木地板和油饰地暖实木地板。

而事实上，经过各个企业的探索和实践，当今的地暖实木地板，无论是技术还是最终产品都具有多样化和技术交叉的特点，原因在于各大品牌会在不同创新思路的指导下，进行新技术的开发，或对各种已知技术和工艺进行相互交融、组合，以期找出最佳的方案，从而产生了众多的技术"流派"。这些流派各有特点，有一些还大相径庭，因此作为地暖实木地板的消费者，如果对此有所了解，不仅有利于选购适合自己的地暖实木地板，也能够避免一些因为信息不对称而带来的消费纠纷。

将实木地板应用于地暖环境，首要解决的任务就是要实现悬浮式铺装，使地板能够紧贴地面，获取良好的热传导效率；其次是要控制地板含水率变化的速率，使其能够缓释缓吸，避免因快速吸湿解吸而产生变形，从而稳定使用。因此，几乎所有的地暖实木地板，都会基于这两大目标，在产品的连接与安装方式、提高材料自身的稳定性能以及通过改善涂装方式等外部控制机制减缓产品含水率变化速率等方式，来进行技术方案的设计。目前在终端市场上，大致可以看到以下几种地暖实木地板的技术流派。

一、改性派：通过改性技术，提高木材自身的稳定性

改性，英文名称 modification，是指通过物理和化学手段改变材料物质形态或性质的方法。改性的目的在于改善或改变木材的物理、力学、化学性质和构造特征，以提高木材的耐腐（蛀）性、耐酸性、耐碱性、阻燃性、力学强度和尺寸稳定性。但是有得就有失，经过改性处理的木材，往往内部的微观结构会因此破坏，在获得较好稳定性能等物理表现的同时，也会损失天然木材调节室内气候小环境的能力，

严格来说已经不属于纯正实木的范畴，部分改性木材在使用中甚至还会出现树结脱落、表裂、改性反弹等质量问题。因此，经过改性处理的木材一般会称之为"改性木"或"改良木"，以示与未经改性处理的"纯实木"进行区别。在终端调研中发现，大部分消费者选择地暖实木地板的主要原因是其采用纯正实木制成，最大程度保留了原木优秀的养生功效。如果木材经过改性处理，很多消费者就明确表示不再考虑。所以，了解木材改性的相关知识，有利于用户的自我保护。

在地暖实木地板产品上，改性技术也分为物理改性和化学改性两种，目的在于通过高温或添加化学制剂的方式，来降低木材的吸湿性（亲水性），从而减缓湿胀干缩效应，让实木地板更加稳定。这两种改性技术在地暖实木地板品类中的代表分别主要为"炭化技术（木材高温热处理技术）"和"乙酰化技术"。

（一）炭化地暖实木地板

炭化技术（木材高温热处理技术）是将木材放入高温、无氧或者低氧的环境中进行一段时间热处理的物理改性技术。炭化温度通常为 $160 \sim 240℃$，与常规木材干燥方法和传统的烧炭方法均不相同。

木材主要由纤维素、半纤维素、木质素、木材抽提物等物质组成。纤维素在木材细胞壁中起骨架作用，其化学性质和超分子结构对木材的强度有着重要的影响。纤维素中的羟基和水分子也可形成氢键，不同部位的羟基之间存在的氢键直接影响着木材的吸湿和解吸过程。大量的氢键可以提高木材的强度，减少吸湿性，降低化学反应性等，且纤维素的吸湿性直接影响到纤维的尺寸稳定性和强度。而当木材经过高温热处理成为炭化木之后，羟基的浓度减少，化学结构发生复杂的变化，使其在吸湿性降低、尺寸稳定性提高的同时，由于纤维素聚合度的降低、氢键被破坏，使得炭化木的力学强度有所损失。

图6-1 木质素与抽提物的破坏或汽化，导致炭化地暖实木地板的颜色产生改变（往往是变深）

图6-2 用于木材炭化的设备

　　半纤维素是木材细胞壁中与纤维素紧密联结的物质，起到粘结作用，是基体物质。半纤维素吸湿性强、耐热性差，且容易水解，在外界条件作用下容易发生变化，是木材中吸湿性最大的组分，是使木材产生吸湿膨胀、变形开裂的因素之一。木材经热处理炭化后，多糖的损失主要就是半纤维素，因而可降低木材的吸湿性，减少木材的膨胀与收缩，提高了炭化木的尺寸稳定性，使其在地暖环境不至于发生变形。然而，又因为半纤维素在细胞壁中与木质素一起起粘结作用，受热分解后木材的内部强度被削弱，导致木材的韧性、抗弯强度、硬度和耐磨性能都有所下降。

　　木质素贯穿着纤维，起到强化细胞壁的硬固作用。同时，木质素还是影响木材颜色的产生与变化的主要因素。不同的木材具有不同颜色，这与细胞壁、细胞腔内填充或沉积的多种抽提物有关。抽提物对木材的强度也有一定的影响，含树脂和树胶较多的木材其耐磨性较高。而当木材经过炭化处理后，发色基团和助色基团发生复杂的化学变化，抽提物被部分汽化，使得木材颜色发生改变。

　　因此，不少用户在使用炭化技术处理过的地暖实木地板时，会感觉木材发脆、硬度不够，以及颜色偏深，就是因为木材的纤维素、半纤维素、木质素和抽提物在热处理的过程中受到损失或产生化学变化所导致的。

　　目前，在木材炭化方面，主要有蒸汽处理工艺、惰性气体处理工艺和热油处理工艺等三种。其中，蒸汽处理工艺比较成熟，也应用较为广泛。我国在木材炭化技术方面的研究相对较晚，主要集中在高温高压蒸汽处理方法之上。在国际领域，芬兰的超高温蒸汽热处理技术和荷兰的蒸汽处理技术相对比较成熟，法国在惰性气体的超高温热处理技术上保持领先，德国与加拿大的木材热处理技术则是在热油（植物原油，如油菜籽油、亚麻籽油、葵花籽油等）中进行的，使木材在处理过程中与氧气充分隔离，且热传导效率高。[①]

在地暖实木地板领域，某品牌推出的"钢化实木地暖地板"就是采用了芬兰的超高温蒸汽热处理技术。该产品不仅能够用于地暖环境，还可以用于室外。而另一品牌推出的"地热王"地暖实木地板产品，也采用了类似的超高温热处理技术，通过将地板的坯料在 160～230℃ 条件下进行高温热处理，使木材的吸湿功能下降或使木材对于空气湿度变化的影响变得不敏感，使其能够应用于地暖环境，同时导热效能高于实木复合地板。

除上述炭化技术之外，木材物理改性的方式还有微波改性等其他方式。木材微波改性就是利用高强度的微波对具有较高含水率的木材进行瞬间处理，使木材内部在瞬间获得足够多的能量，水分迅速蒸发，水蒸气快速膨胀，木材半封闭细胞腔内的压力急剧上升，在很高蒸汽压力的冲击下，木材内的各级微观组织（纹孔膜、薄壁细胞、厚壁细胞）将产生不同的裂隙，甚至在木材中形成宏观裂纹，打通流体迁移路径，提高流体迁移能力，为木材的后续干燥、浸注处理，甚至新材料的制备创造极为有利的前提条件。[②]

综上所述，无论是采用哪一种方式，木材的物理改性主要就是采取各种加热手段，通过改变、破坏木材原有微观结构和组分，从而降低木材吸湿解吸能力，进而提高地暖实木地板稳定性的一种技术手段。

（二）乙酰化地暖实木地板

在业内已商业化的改性地暖实木地板方面，除了炭化技术之外，另一种方式就是乙酰化技术。所谓乙酰化木材改性，根据 2013 年 6 月刊登于《林业机械与木工设备》的《地采暖用实木地板的研究进展》一文，是指：木材通过与乙酰化剂的化学反应将木材中的亲水性羟基转化为疏水性的乙醛羟基，乙醛基的导入可以将产生酯化反应的不溶物填入微纤丝间隙产生充胀效应，从而制得尺寸稳定和防腐性都明显改善的木材。乙酰化剂主要有乙酸酐、乙酰氯等，加上催化剂吡啶、二甲替甲酰胺、无水高氯酸锰等。经过处理的木材具有良好的耐用性，地表使用可长达 50 年，地下使用期为 20 年。乙酰化可使木材半纤维素的溶解性下降，平均含水率降低，热稳定性能显著提高。经过乙酰化处理过的圆盘豆地板基材做成宽度为 122mm 的实木地板后仅干缩 1mm，干缩率只有 0.8%，完全可以达到地采暖用实木地板的要求。同时，该文也指出：但经过乙酰化处理后木材的静曲强度、弹性模量、抗剪强度以及内结合

①周永东，姜笑梅，刘君良. 木材超高温热处理技术的研究及应用进展 [J]. 木材工业，2006（9）.
②王艳伟，孙伟圣，徐立，等. 地采暖用实木地板的研究进展 [J]. 林业机械与木工设备，2013（6）.

图6-3 经乙酰化的"固雅木"

图6-4 乙酰化的地暖实木
地板

强度均有所降低。其原因就在于木材纤维素中的羟基被转化为乙醛羟基,氢键被破坏,在吸湿性下降／稳定性上升的同时,木材的强度出现下降。[①]

目前,采用乙酰化技术进行改性的木材主要为新西兰硬木松,其材料商用名通常被称之为"固雅木"。因此,消费者在选购时看到有地暖实木地板标注基材为固雅木的产品,或者在锯断的地板断面可以闻到淡淡的醋酸气味,即可判断其为乙酰化的地板。

在当前市场上,消费者比较容易接触到的乙酰化产品有某品牌于2010年年底推出的"暖＊旺"地暖实木地板,它就是采用经乙酰化处理的新西兰硬木松制成。硬木松本身木材结构较为均匀、收缩率平均、变形系数较小,防潮耐热性较强,同时经过真空加压的方式将醋酸酐注入木材内部,发生乙酰化反应,使内部的羟基被转化为乙醛羟基,氢键被破坏,从而提高了木材尺寸稳定性,使其能够应用于地暖环境。但鉴于其材种单一、木材力学强度下降等原因,未能成为主流。

①王艳伟,孙伟圣,徐立.地采暖用实木地板的研究进展[J].林业机械与木工设备,2013(6).

二、封闭派：通过改善涂装方式等外部控制机制，减缓含水率变化速率

作为实木地板基材的木材，其含有的纤维素、半纤维素等物质具有天然的亲水性特点，会因地暖环境复杂而产生大幅度的温湿度变化，放大木材湿胀干缩的效应，从而导致变形。所以，控制木材含水率的变化速率，就成为地暖实木地板技术发展的核心内容。木材改性技术的原理是通过物理或化学手段改变木材内部结构和组分，使其材质的亲水性变差，减少木材吸湿的速率和总量，以此来提升木材稳定性能。相比于此，在地暖实木地板技术方案中，还有一种思路，则是利用外部涂装方式的改善，强化隔绝地板内部与外部水分的交换通道，使木材无法在短时间内快速吸湿或解吸，将地板与室内湿度平衡的过程尽可能地拉长，实现缓吸缓释，从而保证地暖实木地板的稳定。

这一思路，不会改变木材本身的天然特性，同时也可实现含水率变化速率控制的目标，是其主要的优势。目前在这一思路之下，有多种技术方案被中国地板企业提出，比如：某品牌推出的"全能绒"地暖实木地板的应用。它采用"绒膜消声防水"技术，通过在实木地板背面及四侧的榫头喷涂绒膜，以强化地板防水的功能，令地板更加稳定。即使在高湿度的环境中，也能为地板有效隔离外界水分与加温潮气；此外，绒膜细腻柔软的质地也使其能够有效地避免因地板之间磨擦而产生恼人声响，具有较好的消声静音功能。

再比如，另一品牌研发的"底层稳定封闭型"专利技术，同样也令实木地板具备了耐受地暖环境的可能性。其技术原理在于，采用等离子真空负压缩干燥处理技术，在背面以加贴 PVC 平衡层的方式提高背板的热传导效率，此外这一 PVC 封闭层的存在也使得地板紧密拼接在一起，令地面的潮气无法渗透到地板上，隔绝了地板背面与空气的水分交换，同样起到了缓吸缓释水分、提高稳定性能的目的。

以上所述的两种技术，均需要在正常涂饰工艺外添加其他设备及更换涂装材料，或者需要增加粘贴工序，无论是成本还是质量问题的发生概率均明显上升，因此无法获得主流认同，所以目前难以在市场上看到采用这些技术所生产的产品。而相比于以上两种技术，当前在地暖实木地板领域主流的涂装方案为"六面涂装工艺"（其往往与锁扣技术等其他技术配套使用），原因在于这一技术很好地兼顾了成本、生产复杂度以及产品功能之间的要求，并且在终端市场拥有大量的成功案例，技术可靠性得到了充分的证明，所以被大多数地暖实木地板品牌所采用。

三、锁扣派：通过地板的锁扣"自连接"，实现产品同胀同缩，保持整体稳定

简而言之，地板锁扣技术就是通过地板四周的倒榫，以相互咬合的方式进行连接，从而将地板块拼装成一个整体的结构形态。因此地板锁扣技术的原理与中国传统的榫卯结构如出一辙。相对于第一代的无扣、第二代的平扣，锁扣技术实现了无需任何外部辅件条件下的"自连接"，能够同胀同缩、整体平移，从而保证了地板整体的稳定性。除此之外，这一技术免除了胶水、龙骨、钉子的使用，使得悬浮铺装成为可能，因此属于第三代实木地板技术，是目前最为先进的地板结构。

20世纪80年代初，欧洲企业首先将纤维板用作强化木地板基材，同时也开始了对地板锁扣技术的研究。由于锁扣技术解决了地板块之间的互相连接问题，纤维板得以被大量用做地板基材，从而提高了地板产品的销售面积。因此，锁扣技术如今已经是强化复合木地板行业的核心技术。

与此不同的是，在地暖实木地板领域，锁扣技术的专利权由中国企业所掌握，其主要代表——"虎口榫"实木锁扣，由天格于2000年发明。其后，众多地暖实木地板品牌对其进行了效仿和学习，并通过大量的市场实践，赢得了用户和暖通业者的欢迎与信赖，从而成为当今主流地暖实木地板品类的技术基石。

目前，除了"虎口榫"实木锁扣技术之外，在市场上还有多种锁扣形态存在，比如"双锁扣技术"，其原理就是在主锁扣之外增加一小锁扣（位于榫的外侧和卯的内侧），希望增加地板间的拉力。但事实上，从所示对比图（见图6-5）就可以发现，单锁扣的地板相比于双锁扣，结构简洁，明显咬合间隙小。有地板行业专业人士对

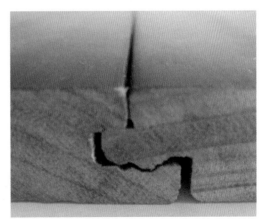

实木地板单锁扣技术 实木地板双锁扣技术

图6-5 实木地板单／双锁扣示意图

此曾经表示："我们曾对市面上不同的实木地板锁扣进行抗拉强度的检测，结果发现单锁扣技术具备最好的表现，抗拉强度往往超过 400kg。而那些双锁扣或多锁扣的地板，因为增加了无效小锁扣，反而造成咬合缝隙过大、主锁扣强度下降的问题，抗拉能力不仅没有提升，而且出现明显下降；实验中出现脱扣、锁扣损坏的概率比单锁扣技术要高三成以上。"所以目前，行业知名地暖实木地板品牌均采用单锁扣技术，坚持双锁扣或多锁扣实木产品的品牌寥寥无几。

究其原因，关键在于：由于地板锁扣的尺寸限制，增加锁扣数量必然会减小主锁扣规格和增大锁扣用材的无谓损耗；同时锁扣地板在安装时，采用公榫斜向插入母槽的方式，如果要保证小锁扣顺利入榫，榫卯间必须预留更多空间，所以榫卯接合部位就必然存在较大缝隙，会有松动的情况。所以安装后，小锁扣基本上无法有效咬合，无法产生连接作用。

从 2000 年开始，"虎口榫"实木锁扣技术已经历经近 20 年中外市场的严格考验，被证明为是具有高可靠性和高抗拉强度的连接技术，而且在材料利用率和技术成熟度方面也有均衡与优良的表现，因此，目前绝大部分地暖实木地板品牌都基于"虎口榫"的经验，采用了类似的扣型。

在地板连接技术改善方面，除了锁扣的自连接之外，还存在另外的思路，就是前文所述的连接件地暖实木地板。它是通过连接件进行体外连接，以此代替传统龙骨的作用，从而实现悬浮式铺装的目的。在此方面具有代表性的是，国内某品牌于 2007 年推出的"隐蔽缝拼接技术"与"免龙骨粘扣直铺技术"两项技术，并于 2010 年下半年，将其应用于地暖实木地板之上，实现了产品的商业化。"隐蔽缝拼接技术"是通过对实木地板的榫头改造，从而有效避免实木地板热胀冷缩产生的缝隙问题，地板与地板之间能够自由伸缩但缝隙仍然隐蔽；而"免龙骨粘扣直铺技术"是在地板背面与地面设置粘扣的方式，使其粘附于地面的安装方式。而另一种则以国外某品牌为代表的钢夹连接方式，即通过在地板背面开槽以钢夹进行连接。这种技术同样使地板与地板之间获得了适当的拉力，减小了地板湿胀干缩导致的离缝情况出现。该方案共设计了三种钢夹（以孔数区分），以应对不同的湿度环境。

四、系统派：通过多项有效技术的系统整合，使产品具有更高的稳定性和更好的消费体验

在 10 年多的发展过程中，中国的地暖实木地板企业逐渐发现，单项技术的使用往往有其局限性，而将多项有效技术进行系统整合，可以大幅提高地板的稳定性能，

并给用户带来更好的消费体验。

　　2011 年 3 月，由中国林产工业协会组织的地板权威专家鉴定委员会，对系统性的地暖实木地板产品作出了权威的评定，认为集成了实木锁扣技术、六面涂饰技术等多项专利技术的系统解决方案，全面解决了以往普通地暖实木地板的各种弊端，产品达到国际领先水平。这是地暖实木地板技术系统化理念首次获得的官方认同。在此基础上，2011 年行业首个"地暖实木地板系统解决方案"推出，第一次完整提

图 6-6　由于单锁扣具有更高可靠性和抗拉强度，所以绝大多数地暖实木地板品牌都采用此技术

出了系统解决方案的概念,将地暖实木地板品类带入了一个新的高度。2017 年 12 月,国家知识产权局公示了第十九届中国专利奖获奖项目,天格的《将实木地板应用到地热环境的方法及实木地板铺装结构》这一专利荣获"中国专利优秀奖",除了从政府部门奖的高度权威明确地暖实木地板品类发明权的归属属于中国品牌外,也证明了当前占主流地位的多技术方案系统整合思路的正确性。

地暖实木地板系统解决方案,在忠实保留木材天然优美外观和调湿养生功能的前提下,保证了高度的产品稳定性和安装便捷性,同时产品寿命得到了极大的提升,日常使用无须特殊维护,杜绝了普通实木地板易变形、难打理的弊端,也克服了其他地暖实木地板技术所不能兼顾的一些不足,因此成为了当前 80% 主流地暖实木地板品牌争相效仿的技术方案。

第二节 地暖实木地板系统解决方案

地暖实木地板系统解决方案是指涵盖从材料甄选开始,直到安装服务的全流程技术体系,其中包括:实木锁扣系统、六面涂饰系统、静音消声系统、水分控制系统、材种甄选系统以及安装保障系统等六大系统。其原理和作用分别如下。

一、实木锁扣系统

目前地暖实木地板所采用的锁扣技术源自中国古代的榫卯技艺,对地暖实木地板实现悬浮铺装、保持高度稳定起到了决定性的作用,因此是地暖实木地板系统解决方案的核心技术。

榫卯是在两个木构件上所采用的一种凹凸接合的连接方式:凸出部分叫榫(或榫头);凹进部分叫卯(或榫眼、榫槽)。最基本的榫卯结构由两个构件组成,其中一个的榫头插入另一个的卯眼中,使两个构件连接并固定。榫头伸入卯眼的部分被

图 6-7 实木锁扣系统

图 6-8 河姆渡遗址

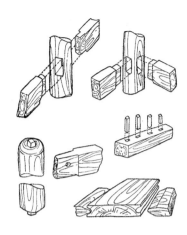

图 6-9 榫卯结构的相关考古资料

图 6-10 采用榫卯结构，历时 960 多年不倒的山西应县木塔

称为榫舌，其余部分则称作榫肩。榫卯作为中国古代建筑、家具及其他木制器械的主要结构方式，使得中国传统的木结构成为超越了当代建筑排架、框架或者钢架的特殊柔性结构体，不但可以承受较大的荷载，而且允许产生一定的变形，在地震荷载下通过变形抵消一定的地震能量，减小结构的地震响应。

最早的榫卯结构，源自距今 7000 多年前的河姆渡文化。在河姆渡遗址中，发现了大量榫卯结构的木质构件，这些榫卯结构主要应用在河姆渡干栏式房屋的建造上，有凸型方榫、圆榫、双层凸榫、燕尾榫以及企口榫等。

榫卯具有极为巧妙的力学特点，深合含蓄内敛、制约平衡的中国木文化审美观。

榫卯的原理是遵循木材的天然规律，对其湿胀干缩所产生的内应力进行疏导，可有效地限制木件之间向各个方向的扭动，使得被连接的木件稳固不松动，这是铁钉连接所无法做到的。因此，榫卯结构极大地发挥了木材的优点，可完美展现、传承珍贵木材的价值，是世界木构技术史上的伟大发明，是中国对于木材合理利用的一大贡献。

正是由于榫卯精妙的结构，令中国古代发展出灿烂兴盛的土木建筑文明，并随着文化与商业的交流深刻影响到了日本、韩国以及东南亚等周边国家的建筑文化。而中国明清家具高超的艺术性与实用性相结合的特点，则令全世界着迷，如今已经成为中国文化的重要组成部分，而这也是源于榫卯结构的魅力。

榫卯结构按构合作用来归类，大致可分为三大类型：①面与面。这类主要是作面与面的接合，也可以是两条边的拼合，还可以是面与边的交接构合。如槽口榫、企口榫、燕尾榫、穿带榫、扎榫等。②点结构。另一类是作为"点"的结构方法，主要用作横竖材丁字接合、成角接合、交叉接合以及直材和弧形材的伸延接合。如格肩榫、双榫、双夹榫、勾挂榫、锲钉榫、半榫、通榫等。③构件组合。还有一类是将三个构件组合在一起并相互连结的构造方法，这种方法除运用以上的一些榫卯接合结构外，都是一些更为复杂和特殊的做法。如常见的有托角榫、长短榫、抱肩榫、棕角榫等。

实木锁扣技术的发明，就是吸取了榫卯的精华，是传统"面与面"榫卯结构在现代实木地板领域的运用和创新。实木锁扣技术遵循"以疏代堵"的创新哲学，改变了传统龙骨安装的平扣实木地板各片独立的连接弊端。通过锁扣咬合，将所有地板连成一体，实现了同胀同缩、完美疏导实木地板因湿度变化产生的内应力的功能，让地板具有超强的耐热尺寸稳定性和耐湿尺寸稳定性。

图 6-11 明清时期的红木家具，是榫卯结构的一大巅峰

表 6-1 传统平扣实木地板和天格锁扣地暖实木地板的比较表

	平扣地板	锁扣地板	解说
结 构			平扣地板采用企口连接，通过打钉安装在龙骨上，仅有垂直方向的自约束力，但最为重要的横向应力却不能疏导。锁扣地板则实现了悬浮式安装，改"堵"为"疏"，在地板的纵向以及横向上均实现了"自约束"和"自疏导"，是革命性的突破
不变形	★	★★★	锁扣结构赋予地板在湿度变化出现膨胀收缩时，可以整体平移、同胀同缩的能力，一举解决拔缝、起拱等变形问题，从而能够应用于地暖环境。平扣实木地板则因为不能疏导应力而极易变形，不能用于地暖
无响声	★	★★★	锁扣地板的安装不需要钉子和龙骨，从而杜绝了钉子松动造成的摩擦，静音效果极佳
易打理	★	★★★	锁扣地板安装时，地板间无需留缝，避免了地板缝不易清理，容易藏污纳垢滋生细菌的弊端
省空间	★	★★★	相比于平扣地板，锁扣地板不需要打龙骨，可节省至少5厘米的高度空间，让房间更敞亮
可拆装	★	★★★	平扣实木地板是用钉子固定在龙骨上的，一旦拆卸就意味着报废。锁扣实木地板则可以随意拆卸重装，搬家带走、意外浸水，都没有问题
更优惠	★	★★★	锁扣地板相比平扣地板，节省了人工费和龙骨等材料费用，每平米至少可省40多元，并且更快捷

当前主流实木锁扣的咬合力非常强，经过反复试验证明，相邻地板锁扣的咬合强度可以承受 500kg 的拉力（1m 长度的平均值。不同材种、密度及锁扣尺寸的地板其抗拉强度会有所差异），即便是 20 个成年人的力量都不能拉开。所以铺装在家里，不管是日常踩踏，还是放置较重的家具，都不会出现锁扣开裂等问题。

二、六面涂饰系统

六面涂饰系统是指采用高端树脂涂料，通过在地板全部六个面完整涂覆，使涂

图 6-12 六面涂饰系统

图 6-13 六面涂饰令地板与
外界接触的所有六个面都有
周密的保护，控制水分交换

图 6-14 水分控制系统

层连接成统一整体（普通实木地板采用正反面涂饰、四周简单喷边的工艺）的涂装方式。这种涂装方式在充分展现原木之美的同时，能够防止地板与外界湿气快速交换，有效控制地板缩胀数值和速度，确保地暖实木地板具有更高的稳定性。

目前主流的六面涂饰系统包括 17 道复杂工序，是复式的立体涂饰。高端的地暖实木地板品牌在选择涂料方面，需要选用环保的紫外光固化涂料，以保证其具有优秀的品质表现和环保性能。紫外光固化涂料不含任何甲醛、苯等有害成分，是公认的环保涂料，其成分与手机、电脑外壳所用涂料相同，全世界包括美甲、牙科都在使用。

由于地板表面需要直接与人体脚部或鞋底接触，因此需要优良的耐磨、耐刮擦、耐污渍的性能，而且为了防止剥落，也需要有良好的附着力。因此，地暖实木地板的表面是六面涂饰系统的重点。业内高端品牌的产品会采用"九底三面"的涂装工艺，以确保地板的天然色泽与纹理可经由涂层忠实显现，同时高品质的涂层表现更带来了超高的耐磨性和附着力。经检测，优质产品的磨耗量指标，可以大大超越实木地板国家标准的要求，耐磨转数能够达到国标的 8 倍之多。地板的背面由于承担了隔绝地面潮气渗透的职责，所以也会进行"三底一面"的 UV 封闭，加之安装过程中所有截断面均须以封蜡进行防水处理的要求，让地板整体的涂装和保护变得周密而全面，让每一片地板都拥有出色的防水、控水性能，足以应对包括地暖在内的所有正常家居使用环境。

三、水分控制系统

控制含水率的变化是实木地板保持稳定的核心任务。而地暖实木地板特殊的用途，必须能够经受住地暖环境的考验，所以这一要求对原木坯料及成品的内在含水率控制水平有着更高的标准，其中主要包括"养生"与"平衡干燥"两种技术手段。

在地板生产之前，要将坯料静置存放一段时间，这在业内称之为地板的"养生"。养生的目的在于通过长时间的静置，使来自于全球不同纬度和气候环境，内在含水率和结构差异较大的木材能够适应中国的气候特征，同时缓释木材内部的应力，使生产而成的地板具备较好的适应能力，最大程度避免翘曲、拱起、裂缝等一系列变形问题。

地板的"平衡干燥"则是指：提高木材的温度，使木材中水分汽化，以水和水蒸气的形式向木材表面移动；然后在循环介质的作用下，使木材表层的水分以水蒸气的形式离开木材表面。这样一来木材内部的水分移动速度与表面的水分蒸发强度协调一致，使木材由表及里均匀变干。干燥的目的主要是使实木地板形体稳定，使其在以后的使用过程中不易发生收缩、湿胀和变形，同时也提高实木地板的加工性能、使用性能和耐久性能。干燥质量的关键是最终含水率必须达到略低于使用环境的平衡含水率。

目前主流品牌出品的地暖实木地板，每一片均需经历超长的养生过程和烘干窑的平衡工序，让来自全球各地的优质木材符合国内环境的需要，从而最大程度避免变形等问题。"二次平衡、三次养生"是当前地暖实木地板行业顶尖的水分控制技术，它源自于十余年品类发展的宝贵经验，其含水率控制精度可达到 ±0.5%，是当前实木地板含水率控制的最高水平。缜密的水分控制技术，使地暖实木地板产品具有适宜的平衡含水率，保证地板湿胀干缩量在同一方向上的均衡，提供地暖环境下更高的内在稳定性。

四、材种甄选系统

在地板行业有一句话是这样说的：不是所有木头都能做地板，也不是所有地板

图 6-15 材种甄选严苛

都能耐地暖。意思是，如果要保证木材的天然特性，不对其进行改性破坏它的内部结构的话，那么就必须对木材进行细致的甄选。

因此，专业的地暖实木地板企业在进行材种甄选时，只挑选那些稳定性好，木质纤维管道比较细、密度均匀且细腻的木头来进行研发生产，其中主要包括：柚木、印茄木、圆盘豆、番龙眼、栎木、亚花梨等。此外，得益于十余年地暖实木地板制造经验的积累，行业的领军品牌已经形成了独一无二的地暖实木地板材种特性数据库和甄选系统，以世界主要优良原木基地所产的稳定性极佳的高级原料为基材，并针对每一种、每一批木材，甚至不同部位的同种木材制定适宜的工艺方案，使其在进行批量化生产后具备统一的产品品质。

五、静音消声系统

传统实木地板的响声问题，是困扰众多消费者的一大顽疾。采用锁扣连接的地暖实木地板，由于避免了钉子与龙骨、钉子与毛地板、钉子与地板、地板与毛地板间的摩擦可能，因此杜绝了 80% 以上的响声。而高端的地暖实木地板，除周密涂装外，还会要求在地板产品的侧面及两端进行封蜡处理，并覆以获得国家专利的静音膜，不仅安装更为润滑，还彻底解决了实木地板常见的响声困扰，让家居环境更舒适更宁静。

这种专利静音膜采用食品袋环保标准，学名为聚乙烯，是乙烯经聚合制得的一种热塑性树脂，无臭、无毒，具有优良的耐低温性能，化学稳定性好，能耐大多数酸碱的侵蚀，常温下不溶于一般溶剂，吸水性小，电绝缘性优良，在非阳光照射的情况下可以使用 50 年。

六、安装保障系统

地板产品在未经安装之前，消费者无法购买后自行使用，属于半成品的概念。

图 6-16 静音消声系统

所以在地板行业素有"三分地板，七分安装"一说，而在地暖实木地板领域，则明确提倡"一分地板，九分安装"，由此可见安装服务的重要性。为此，安装保障系统是地暖实木地板系统解决方案重要的一环，它的概括性表述就是"好的产品＋规范安装＋专用配件＋匠心服务"。

根据数十万终端用户的使用案例的分析结果，目前行业已经普遍认同：由于特殊的使用环境和更高的功能要求，除高品质的产品和安装服务外，地暖实木地板必须配套使用一整套标准化的专业辅料、配件与专用安装工具，才能保证全面优异的

图 6-17 安装保障系统

图 6-18 部分地暖实木地板专用配件辅料及安装工具

图 6-19 专业的地暖实木地板人才培训中心

使用体验。地暖实木地板的专业辅料和配件，基于 10 多年市场经验，不断验证、不断改进完善而成，是与地板产品本身同样重要、缺一不可的系统组成部分，它们不仅符合科学规律，更是集装饰效果与功能保障于一身的技术结晶，绝不能以普通辅料和配件进行代替。

目前地暖实木地板行业已经开始实行全流程标准化安装服务，其匠心服务体系涵盖由售前、售中、售后再到健康家居生活打造的整个流程。在这一标准化的科学服务体系中，有多达近百项的精确数值要求、工序质量控制节点和特殊状态处理规范，足以为各种家居环境提供全方位的满意服务。同时，在中国地板界，地暖实木地板行业也是最为重视专业服务人才培养的一个品类，目前已建立起先进、完善的人才培养机构，整体安装服务水平日趋提高。

第七章 地暖实木地板选购与搭配

地暖实木地板是室内地面首选的装饰材料之一，因其不仅保留了高档硬木木材的本色韵味，纹理丰富且皆为天然，色泽表现纯粹。而且不同色系又可分若干个色号，花色丰富到能与所有常见家具及其装饰面板相配色，所以深受用户喜爱。选择合适的地暖实木地板，不仅可以增加室内环境的美观性，而且还满足必要的强度、适宜的硬度、耐磨、隔音、吸音、保温以及安全等功能要求。同时，不同材质、不同工艺的木地板所呈现出的质感也不同，或光滑细腻或粗犷，其线型和色彩的处理会直接影响到人们的心理，也影响到室内的装饰效果和所处的环境。因此，用户在选购适合的地暖实木地板时，掌握相应的知识就显得格外重要。

第一节 地暖实木地板的选购要点

一、如何选购合格的地暖实木地板

随着人们对于家庭居住品质要求的提高，地暖实木地板越来越受广大家庭的喜爱，逐渐成为舒适家居生活的标配，但是市场上地暖实木地板产品的质量参差不齐，影响消费者的居住体验，造成生活的麻烦和烦恼。所以在选购地暖实木地板需要看清产品质量以及品牌服务，选购时不被商家的花言巧语所蒙蔽。如何认清产品的质量，选购到货真价实的地暖实木地板；如何购买到合格的地暖实木地板，成为消费者所关注的话题。地暖实木地板品质好坏可以参考以下六点。

（一）了解地板的含水率

国家标准规定地暖实木地板含水率是：5.0 ≤含水率≤我国各使用地区的木材平衡含水率。同批地板试样间平均含水率最大值与最小值之差不得超过 3.0%，且同一块板内含水率最大值与最小值之差不得超过 3.0%。我国地域辽阔，南北地理气候有所偏差，不同地区含水率要求均不同，通常市场正规的木地板经销商、专卖店都应配备有含水率测定仪，如没有则说明对含水率这项技术指标不重视，产品的品质没有保障。消费者购买时应先测量包装好的成品木地板的含水率，含水率指标达到国家标准方可购买。

（二）检验地板的加工精度

如何检验木地板的加工精度？在家庭木地板安装前，木地板开箱后可随机取出10片地板在平地上进行铺装，用手摸和目测的方法观察其是否有明显的铺装离缝和拼装高度差；榫槽是否光滑、饱满。根据国家相关标准要求：地暖实木地板的拼装离缝最大值应 ≤ 0.4mm；拼装高度差最大值应 ≤ 0.3mm。若木地板铺装严丝合缝，手感无明显高度差即可。

（三）观察地板的基本缺陷

木地板由木材加工而成，作为基材的天然木材所存在的各种缺陷，会影响地板的美观和使用寿命。观察地板是否为同一树种，板面是否有开裂、腐朽、夹皮、死节、虫眼等材质缺陷。另外，由于不同环境下生长的木材，甚至同一棵树的不同部位，其纹理、色泽都是不一样的。所以通常实木地板都会有节子和一定的色差，这是由木材的自然属性所决定的，因此对色差和节子不可过于苛求。优级品木地板表面不允许有：死节、蛀孔、裂纹、腐朽、缺棱、加工波纹、髓斑和树脂囊。

（四）辨别地板的真材实料

在消费者选购过程中难免不会遇到以次充好、以劣充优的实木地板，如生产双色板、指接板、贴面板、印花板，都有相应的鉴别方法。双色板鉴别方法：将地板表面用砂纸打磨或锯开地板后观察端面会呈现出很严重的色差。指接板鉴别方法：纵向锯断或打磨可见指接痕迹。贴面板鉴别方法：可通过对比观察地板表面和底面进行辨别，实木地板表面和地面的木纹基本一致，贴面板背面和正面的木纹完全不同。印花板鉴别方法：可通过表面木纹进行辨别，实木地板木纹自然，印花板表面木纹都一样，基本没有色差，背面和正面的纹路完全不一样。

（五）观察地板的漆面质量

木地板漆面有哑光、亮光、哑亮光3种，选购时关键看漆膜的光洁度、透明度是否均匀、丰满，可根据用户的个人喜好来选择。要注意板面是否有气泡、漏漆、波痕等，了解是 UV 漆还是 PU 漆，除看板面漆膜外还需观察木地板背面漆膜是否均匀。优等品地暖实木地板表面不允许有：漆膜划痕、漆膜鼓泡、漏漆、漆膜上针孔、漆膜皱皮。另外地暖实木地板表面漆膜的耐磨性和附着力也要达到国家标准。

可用硬币法进行检测：用硬币以平面斜角方式在地板表面，用均匀的压力划刮，如涂层的附着力较差，会出现划痕，或产生白色痕迹，这是附着力最简单的检测方法，但需要经验丰富的检验人员操作，虽然方法简单，只能作为参考。

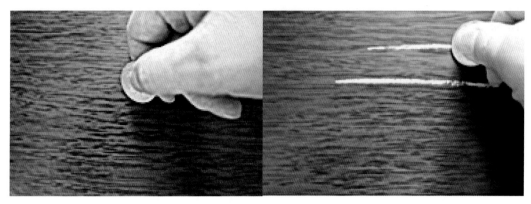

图 7-1 硬币法检测

（六）了解地板的规格大小

从木材的稳定性来说，木地板的尺寸越小，抗变形能力越强。现在市场上流行宽板，宽板较窄板来说更为美观、大方，纹理舒张，花纹完整，但价格相对窄板要贵。宽板必须经过严格的材种挑选和质量验收程序，才能克服宽板不稳定的问题。木地板规格的选用可根据房屋户型、面积大小和装修风格来选择，不宜小房间追求大尺寸的木地板。

在地暖实木地板选购中，需要掌握地暖实木地板的尺寸与规格，要不很容易买到不合格的产品。地暖实木地板的常用规格是 900mm×116mm×18mm，宽板规格 1200mm×145mm×18mm，除此之外，还有一些非常用的尺寸，例如长 750mm、600mm、440mm、425mm 等的短板，以及宽 118 mm、113mm、85mm、50mm 等的窄板，厚度以 15 ～ 18mm 为宜。常见规格见表 7-1。

如图 7-2，这款地暖实木地板选用的是柚木为原料，柚木呈现出天然木纹纹理，给人自然柔和、富有亲和力的感觉，心材黄褐色至红褐色，触之有油感，具香气；重量中等，是变形系数最小的一种木材，稳定性佳；抗弯曲性好，耐磨、耐腐、耐久；花纹美观，

表 7-1 地暖实木地板常见尺寸规格   单位：mm

	常规地板	拼花地板	特殊规格	大板地板
长 × 宽 × 厚	900×113×17.8	425×85×18	不等长 ×116×18	1500×176×18
	900×116×18	440×50×17.6	不等长 ×118×18	1830×118×18
	900×118×18	280×116×18	不等长 ×85×18	1800×190×18
	900×115×17	280×116×17	600×116×18	2100×195×20
	1200×118×18	300×48×18	600×118×18	2100×200×20
	1200×145×18	400×48×18	900×50×17.6	2500×195×20

图 7-2 900mm×116mm×18mm 柚木地板   图 7-3 900mm×118mm×18mm 栎木地板

图 7-4 440mm×50mm×17.6mm
番龙眼地板

色调高雅，并且其色泽会随时间逐渐氧化成金黄色，是高档的地板用材。这款实木地板规格尺寸为 900mm×116mm×18mm。

　　如图 7-3，这款地暖实木地板的原料选择了栎木，栎木属于进口原料，栎木心材抗腐蚀及抗病虫能力极强，呈白色或黄褐色，结构细腻，稳定性好；材质重、硬，生长缓慢；纹理直或斜，弦切时具明显的山形木纹；耐水、耐腐蚀性强，耐磨损，综合性能良好。这款地暖实木地板尺寸为 900mm×118mm×18mm。

　　如图 7-4，这款地暖实木拼花地板的原料选择了番龙眼，番龙眼木材具金色光泽，纹理直至浅交错；结构细而匀；重量、强度中等；稳定性好，略耐腐。制成品色泽鲜艳、触感柔和，是优良的地板用材，因为精准配色和绝妙的法式拼接的融合，惟妙惟肖地描绘了古典建筑的神韵。咫尺之间实现了刚柔相济、坚毅时尚的装饰效果，是古典浪漫与现代风格的完美结合。这款地暖实木拼花地板尺寸为 440mm×50mm×17.6mm。

二、如何选购合适的地暖实木地板

地暖实木地板的花色品种多样、风格也不尽相同，用户在选择木地板时，除了考虑产品的品牌和上述合格条件以外，还需要考虑到木地板应用的空间、功能和使用人群等因素，以便选购到更适合自身需求和室内环境的产品，让其充分发挥其美学与设计上的价值。

（一）考虑室内的采光条件

房间里的采光条件如何，决定了地板颜色的挑选范围，采光条件越是好的房间，地板的颜色选择范围越是广泛。如果是面积大或采光好的房间，可选用颜色较深、纹理粗质的木地板，使较大的房间相对变得紧凑。如果室内光线较差或是背光面房间，则要避免选择一些颜色过于暗沉的地板。而较高明度的暖色调装饰，既可以增强室内的照明条件，又同时增添了室内的温暖感。

由于色彩给人以不同的轻重、远近、大小等感觉，所以要充分利用这些特点来修饰、改善居室空间上的缺陷与不足。对于很多人来说，较重要的当然就是利用后退色、远感色来减弱狭小居室的局促感的问题。这实际上是利用了人的错视觉原理。

（二）结合室内的面积与功能

地板的颜色选择和房屋的面积也有很大的讲究。通常颜色会导致人的视错觉产生，在面积较小的房间里，应该选用一些高亮度、冷色调的地板进行装修，这样会使房间的视觉效果较为宽敞。同时，小空间不适宜采用纹理过于明显的地板，以避免使室内视觉效果过于混乱和拥挤。同时，功能需求是室内设计中必定需要首先满足的方面。卧室、书房等空间因私密性较强，采用地板材质进行地面铺装已被大多采用，而厨房、卫生间是不适宜采用地板铺装。

居室色彩的设计，必须满足居室功能的需要。由于色彩对人们的心理、情绪有着巨大的影响，在居室设计时，就可利用不同色彩给予人们的不同感受来满足居室功能和人们的心理需求。例如，睡眠需要宁静的环境，可选用平静色。阅读、写作同样需要安静，但同时又要有适当的活泼，以使阅读者和写作者保持较高的情绪，这样，即可选用平静、稳定的颜色来作为书房或学习工作区的基调，同时利用小块的鲜艳色彩来点缀和补充。在厨房和用餐空间，可选用较为热烈的暖色调，以提高用餐者的食欲。而在家庭成员活动时间长的起居室，不宜使用过分绚丽夺目的颜色，宜选用清新明快、亲切舒适的浅米黄、浅玫瑰红等色彩。

（三）选择适宜的排列方向

地板的排列方向对于控制室内空间感、烘托室内整体装饰气氛也具有很重要的影响。地板排列的纵向线条可以增加视觉得导向性与延伸感，例如狭长的空间之中，若采用地板沿纵向铺装的方式，则会加剧狭长空间的紧仄感；若希望增加方形客厅空间的进深感，则地板的排列方向应沿着希望加长的空间方向等。此外，地板的各式拼花排列也具有独特的韵味，例如怀旧主义风格的室内便较适宜采用交错拼花的形式。

（四）统一整体装饰风格

实木地板应与室内整体装饰色彩协调统一。居室色彩包括顶板、墙、地面、家具的色彩。家具色彩在室内环境中占主导地位，且随着居室主人的喜好而不同。地面材质在作为室内装饰的背景作用的同时，也对室内整体装饰风格起到一定的呼应与烘托作用。所以，地面色彩的选取通常遵循与家具色调统一，与顶棚和墙面的色彩相呼应的原则来搭配，以契合室内整体装饰的风格。例如，在传统中式风格的室内空间中，地板材质就不适合采用明度过高的浅色系；反之，在青年风格、东南亚风格等以鲜艳色彩搭配取胜的装饰效果中，地板颜色便适宜采用较高纯度的亮色了。对于田园风格等特殊室内风格还可以采用表面拉丝处理的粗糙纹理地板，形成粗犷、自然的独特效果。

居室色彩设计要有统一基调，要强调整体感，并在此基础上有重点的突出与变化。一个房间只能决定一种基调，就像乐曲中的主旋律，缺少色彩基调的房间也会像没有主旋律的乐曲，显得杂乱无章而缺少和谐的美感，而只陷于基调的统领缺少"画龙点睛"式的突出重点，也会像单调旋律一样的平淡无奇，毫无生气。这就需要注意单纯色、同类色、近似色和对比色的合理使用。单纯色、同类色与近似色的使用利于统一基调的创造，而对比色特别是补色的使用则利于形成跌宕和起伏。此外，还应注意发挥黑、白、灰、金、银等中性色的协调作用。

（五）符合人群性格特征

人群性格分类及基本特征性格简单来说指的是人们面对生活中人事物的一种态度。相同性格的不同人往往在行为模式上存在共性。所以，不同性格的人群面对不同的色彩所产生的心理感受也就有所不同。根据不同性格表现出的心理特征和行为特征，CSMP 性格系统从宏观上把性格分成了四类：力量型、活泼型、和平型和完美型。

图 7-5 力量型性格居住空间

图 7-6 活泼型性格居住空间

1. 力量型性格

力量型性格人群往往对一定要达成的目标充满动力和信心，会严格按照计划做事，一般没有拖延症，有工作狂倾向；待人处事坦诚、爽快，但性子比较急燥；两个同属力量型性格的人在一起会争夺主动权，互不相让。力量型属外向型性格的人群，在调查结果中显示，力量型表现出偏好暖色系（见图 7-5）。

2. 活泼型性格

活泼型性格人群善于表达自己的想法，活泼好动，常常未见其人先闻其声；善于交朋友，并且乐于助人；为人具有感染力，在团队中可以很好地活跃气氛，但偶尔会忽略他人的感受和意见。通过调查发现活泼型性格的人群色彩偏好程度差异相对比较小，主要偏好红色和蓝色系，活泼型性格人群更偏好暖色系，尤其是红色系（见图 7-6）。

3. 和平型性格

和平型性格人群多随和冷静、有耐心；对待人事物讲究低调，不喜冲突；对环境适应力强，在学习和工作方面细心却胆小；不喜欢把眼光放得太过长远；缺乏热情，

图 7-7 和平型性格居住空间

图 7-8 完美型性格居住空间

对待生活多满足于现状不求改变。通过调查比较和平型性格人群对于绿色系、紫色系以及红色系、橙色系和黄色系的偏好程度，发现和平型性格人群对于冷色系更为偏好，尤其是蓝色系（见图 7-7）。

4. 完美型性格

完美型性格人群追求完美，善于逻辑思考，兼具理性和抽象思维；做事有计划，不打无准备之仗；在人前不轻易显露情绪；自带悲观和忧虑气质，常常思考未来可能面对的困难并设法避免。品牌应该保持与用户的良性互动，通过访问、调研等方法了解自己品牌的消费群体的性格所占比，对其性格特征和行为方式进行总结和归纳。并以此为基础进一步了解用户的喜恶，尤其是色彩偏好方面。完美型性格人群较其他三种性格人群具有最明显的对于紫色系色彩的偏好（见图 7-8）。

力量型和活泼型这两种同属外向型性格的人群，在调查结果的比例上相对一致，都表现出对于暖色系的偏好。综合来看，四种性格的人群对于灰色系的偏好程度差异不大，说明灰色系的色彩属于比较安全的色彩。产品设计中的色彩设计作为一种视觉要素能够刺激人们的眼球，使人们表现出不同的心理感受。色彩对人的心理影响作用到不同性格的人群上，人们会根据色彩即时对自身产生的感觉和以往的色彩体验经历，会产生对色彩的不同的喜恶偏好。

（六）注意因人而宜、因地制宜

地板选择要符合居住者不同年龄、性格方面的需要。这个问题与满足居室功能需要有密切的联系，因为同样为卧室，老年人的就要注意端庄而宁静，新婚夫妇的就要注意甜蜜与温馨，青少年的则要保持一定的活跃。这样，在为他们选择色彩时也要因人而宜。还可以通过使用不同的色彩，来调节各种职业者或不同性格人的心理、生理平衡。例如，对天天面对鲜血工作的外科医生、护士，在他们的居室中可多选用绿色，因为绿色是红色的补色，而且能给人宁静悦目的感觉，可以使他们每天得到充分的休息。对长期在井下工作的煤矿工人，在他们的居室中就可多用些鲜艳活泼的色彩，以提高他们的情绪。

要注意居室的朝向、层次及本地的气候对色彩设计的影响。如南向西向、多见阳光的房间，可多用冷色，北向房间多用暖色，底层多用暖色，顶层多用冷色或中间色。南方炎热，居室内多用天蓝、浅紫、淡青等给人以凉爽宁静之感的色彩；北方寒冷，可多用使人温暖舒适的米黄、粉红、橙黄等色彩。

第二节 地暖实木地板的搭配技巧

室内环境设计中通常都要对围合空间的各个界面进行一定的处理，即进行室内装饰。在室内设计与装修中，地暖实木地板更换起来非常麻烦，因此在家居设计时要慎重选择与搭配。针对不同材质、规格、颜色以及纹理的地暖实木地板，为了更好、更准确地表达室内设计理念，满足自身及空间的需求，在地暖实木地板地板的选购搭配时可以掌握以下技巧。

一、地暖实木地板的常见拼法

（一）工字拼

工字拼，也叫砌砖式拼，在一般家具中比较常见，而且朴实工整、美观。369拼法，又称三分之一拼法，是工字拼的一种。369铺法是指两块地板的短边接缝分别位于上下两块地板的三分之一处，短边接缝整体呈阶梯状。工字拼的地板铺完后，它的立体感相对较强，铺装损耗相对于人字拼要少。如果是铺装在比较方正且面积较大的房间，损耗则更少。

（二）自由拼

"自由、随心、本色真我"，这正是现代年轻人发出的时代强音。对于家居的选择，他们同样讲究而不将就。自由拼看似随意，却不失章法，传达出一种舒适、率真、超然的艺术理念，恰恰是对现代人张扬个性、展现真我的诠释，它不仅仅是一种地板的拼装方式，更是一种生活的态度、一种生活的品味。

（三）人字拼

人字拼地板成为很多家庭的"爱宠"，不仅因为它自诞生以来，深受中世纪欧洲贵族的喜爱，成为欧洲宫殿、老上海歌厅舞池和书舍雅室的首选。更因为它错落有致的拼接方式，比平直铺装的地板多了一份灵巧与精美，让人仿佛置身于连绵群山中，又如欣赏大海的波澜壮阔，让整个空间有了波澜起伏的视觉美感。

图 7-9 地暖实木地板 900 等长工字拼法

图 7-10 地暖实木地板 900 等长 369 拼法

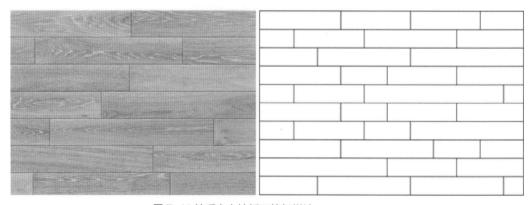

图 7-11 地暖实木地板不等长拼法

图 7-12 地暖实木地板传统人字拼

图 7-13 地暖实木地板平直单人字拼

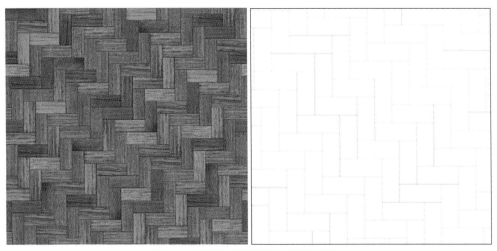

图 7-14 地暖实木地板金砖系列人字拼

图 7-15 地暖实木地板鱼骨拼

图 7-16 地暖实木地板多边形拼法

（四）鱼骨拼

鱼骨拼是一种比较少见的木地板拼花铺贴方法，其实就是人字拼花的升级版，区别在于鱼骨拼拼接成的单元块呈菱形，就像鱼骨头一样排列开来，因此也被称为鱼骨纹，鱼骨拼的好处，就是能让房间的更加美观，自带极强的立体感，具有很强的视觉冲击力，同时倾斜的线条对空间也有一定延伸效果，可以让整体居室看起来更加广阔，不会产生紧凑压抑的感觉。哪怕只有白墙，使用"鱼骨拼"后都能让空间的文艺感十足，尤其和北欧风、工业风等现代简约装修风格搭配，时尚中略带古典范。

（五）多边形拼法

这种拼法是将几块木板拼接组合为一个多边形，再重复多块进行拼贴。这种拼贴法呈现三维立体的效果，非常有特点，使空间更具层次感。除了这类等边四边形以外，还有正方形、长方形、三角形、正多边形等，各有特色。

二、地暖实木地板的色彩搭配

根据色彩搭配相关理论依据，室内装修配色也主要有同色系、互补色系、相近色系搭配等原则与方式。除此色彩搭配三原则之外，在室内装饰的颜色搭配上还有与整体风格相关的规律可作为室内配色的借鉴。因此，在选择家居色彩搭配方案时，应充分考虑具体风格需求。一般来说，最常见的家居色彩风格有七种，包括简约、典雅、现代、温情、自然、浪漫和活泼。下面介绍不同家居色彩搭配技巧和适用人群。

（一）与室内装饰的色彩搭配

1. 简约风格——清新雅致

用色范围：白色、原木色、石灰色、湖水色、蓝靛色、柠檬黄色等。

色彩解读：如果你想要拥有一个简约却不失细腻精致风范的家，以白色和原木色作为家居颜色的基本色可以说是最简单也最安全的选择，再搭配上干净透明的湖水色、带有思考气息的蓝靛色、自然朴素的灰色，便可营造出置身湖光林间的自然、超脱感觉。在光线不足的房间还可以使用明快的柠檬黄色，给房间制造一种视觉上的明快感、愉悦感。这种简约风格的居室，不仅可以体现主人的卓越品位，展现主人的独特风格，还能够为生活增添很多乐趣。

适用人群：性格单纯、简单，追求简约、超脱生活的人。

2. 典雅风格——宁静淡泊

用色范围：黑、白、灰无色系和其他沉着自然的色调，比如淡蓝色、灰棕色等。

色彩解读：喜欢古朴欧式风格的人，可以使用黑色、白色和灰色的经典搭配，再加上哥特式的装修风格和地中海式的家具，置身家中就好像回到了中世纪的欧洲。对于不喜欢欧式装修风格的人来说，可以利用黑白灰打造一个冷色调的现代家居生活空间，不过这种空间不适合有孩子的家庭。除了黑白灰的经典搭配之外，运用宁静高远的蓝色、原生态的棕色，再搭配高雅知性的白色、沉稳平和的灰色等，也可以打造出宁静舒适的家居生活空间，给人一种典雅、大气、朴素、沉稳的感觉。

适用人群：性格沉稳、朴素、谦虚谨慎，崇尚中庸之道的人。

3. 现代风格——时尚魅力

用色范围：蓝色系、橘色系、灰色系、红色系

色彩解读：以蓝色系和橘色系为家居装修的主色调，会给人一种传统和现代、复古和时尚交汇的时代碰撞感，这两种色彩搭配在一起营造出的是一种全新的风格，

图 7-17 简约家居风格

图 7-18 典雅家居风格

即现代风格。此外，灰色系和红色系搭配也是个不错的选择，将红色系这种鲜艳的色调和无色系中素雅、温和的灰色相搭配，是一种低调的华丽，富有现代感。

适用人群：个性、时尚，追求现代风格的年轻人。

4. 温情风格——温柔平和

用色范围：蓝色系、白色、紫色、橙色、茶色

色彩解读：蓝色调是温情家居风格中最常用的颜色，以蓝色为主的色彩搭配组合能够让人感觉心灵舒畅、神清气爽。蓝色和白色搭配是温情家居风格的常用配色方案；蓝色能够让人感觉高贵、平和、冷静，根据色彩心理学理论，蓝色具有稳定人的情绪、使人趋于理性的作用，白色能够让人感觉清凉、干净、无瑕，使人感觉自由、开阔，这两种颜色搭配在一起能够使营造出像自然一样辽阔舒适的温情空间。

蓝色和紫色搭配是温情家居风格中的梦幻组合。蓝色是冷色调，蓝色物品在视觉上要比暖色调物品更小、更远。在家居设计中适当地使用蓝色，能够在视觉上扩大房间的面积，比如将蓝色用在柜子、床铺等大件物品上，会使柜子、床铺等显得比实物小。再搭配上和蓝色相近的紫色，不仅可以冲淡蓝色的沉重感，还能够增添成

图 7-19 现代家居风格

图 7-20 温情家居风格

熟的感觉。

　　相近色调的色彩搭配会给居室带来一种稳定平和的感觉，而对比色调的色彩搭配则会让居室带上鲜明的个性。蓝色和橙色搭配在一起，是色彩对比最强烈的组合，最能体现主人的与众不同的个性。倘若觉得这两种色彩的搭配过于突兀，可以加入黑白灰无色系作为过渡色，或是改变其中某个颜色的色调。

　　此外，黄色和茶色的组合是温情家居风格的最温柔的色彩搭配。所谓茶色是指在黄色或橙色中加入黑色形成的一种复合色。黄色和茶色色彩相近，很容易形成和谐统一的风格。需要注意的是，并不是所有黄色和茶色都能相配，比如带绿色调的黄色和带红色调的茶色就不能相配，因此，在选择黄色和茶色搭配的时候，需要统一色调。

　　适用人群：性格温柔、平和，追求温馨居家环境的人。

5.自然风格——清新悠闲

用色范围：橙色、黄色、绿色

色彩解读：鹅黄色和果绿色的搭配是自然家居风格中最常用的组合，鹅黄色就像初春新长的嫩芽，给人清新、稚嫩的感觉，果绿色可以给人一种平静、温和的感觉，能够中和鹅黄色的鲜明感。

黄色和橙色的组合可以让人感觉到如阳光般的暖意。黄色是所有颜色中明度最高的颜色，能够带给人温暖的感觉。不过如果大量使用生动的黄色很可能会让人产生焦虑不安的情绪，因此在挑选黄色的色调时需要谨慎。比如，用发白的奶黄色做墙壁或窗帘的底色，能够让房间在视觉上更宽敞。橙色和灰色是黄色的最佳配色，这两种颜色能够中和颜色中的明快感，使人心态平和、舒畅。此外，在光线不足的房间内也可以使用绿色作为点缀色。

绿色是人们常用的居室颜色，它具有视觉收缩的效果，没有温度的差异，就算是大量使用也不会有压迫感和冰冷感。使用绿色系作为居室装修的主色调，最简单的配色方法就是将所有的自然颜色相统一，这样更容易使颜色从整体上协调起来。当然，如果嫌绿色太明亮的话，可以搭配黑色来中和绿色的明快感，这样打造出的居室中不仅有自然悠闲感，还会有成熟稳重感。

适用人群：年轻夫妻。

6. 浪漫风格——温馨浪漫

用色范围：红色、白色、桃色、杏色、粉红色、淡黄色

色彩解读：桃色、杏色、粉红色、淡黄色都是女性钟爱的浪漫色彩，使用这些色彩进行居室装修，能够让人自然地联想到爱情的甜蜜和热情、亲情的和煦和轻柔，进而打造出温馨、浪漫的生活氛围。

适用人群：性格开朗、浪漫的人。

7. 活泼风格——绮丽可爱

用色范围：红色系、橙色系为主色调

色彩解读：红色是一种鲜明、活泼的颜色，给人以热烈、热闹的感觉；红色在家

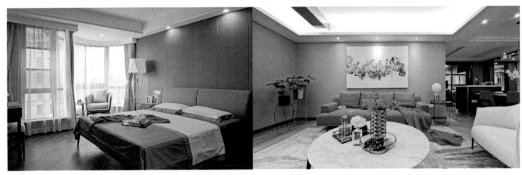

图 7-21 自然家居风格

图 7-22 浪漫家居风格

图 7-23 活泼家居风格

居装修中使用的范围很广，它能够成为很多装修风格的点缀色；在光线不足的房间使用红色，可以在视觉上增加房间的亮度，在素色房间使用可以使房间的时尚感倍增。红色系的使用能够使整个生活空间变得生机勃勃，充满幻想、童真和欢乐的感觉。橙色系的使用效果也是如此。

对于希望将居室打造成绮丽可爱风格的女人来说，可以使用以黄绿色和粉红色为主色调的色彩搭配方案。黄绿色营造出的是年轻、活泼、好动的感觉，粉红色营造出的是可爱、甜美的感觉，黄绿色和粉红色的搭配是对比色搭配的经典案例，这种搭配方法能够营造出绮丽、华美的家装风格。需要注意的是，由于黄绿色和粉红色属于强烈反差对比，因此在使用该方案时可以用无色系作为过渡色，黑色能够增加居室的稳定感，灰色调可以增加居室的甜美感。

适合人群：性格活泼可爱的人。

（二）与家具的色彩搭配

当室内界面设计完成后，家具具有塑造空间、识别空间、优化空间、烘托气氛的作用，家具是居室室内空间不可缺少的元素。因此家居装修设计是一个整体的感觉，其中地板作为整个家具设计的载体和舞台，地暖实木地板的铺装设计，特别是木地板的颜色和风格的选择，能否与室内家具相互搭配，体现出丰富的内涵，对于居室

图 7-24 同色系图示

的整体美感至关重要。

1. 同色系搭配

如果选择了褐色为主白色镶配的家具，可用褐色系的柚木、二翅豆地板相配；如果选择了仿红木的实木家具，可用红色系的印茄木、香脂木豆地板相配色。同色相配装修风格严谨、有序、大气。

2. 近色系搭配

选用色环上相对接近的色相进行组合，因为色相的接近，配色也较好协调，与同色系相配相比，更显丰富。例如，选择了黑胡桃贴面板的家具，可用褐色的柚木、印茄木、圆盘豆地板配色相配。绿色的墙壁，因黄色为绿色的相邻色，搭配非常自然，选择略带黄色的木地板可以营造出一个温暖的氛围。深色调地板的感染力和表现力很强，个性特征鲜明，如红色系的地板本身颜色就给人强烈的感觉，选择带有粉色调的象牙色作为室内墙壁的主体颜色，与红茶色地板就会形成统一感，装修风格显得活泼、和谐、秀气。

3. 对比色系搭配

用色相、明度或艳度的反差进行搭配，有鲜明的强弱对比，配色时需注意明度上的对比。如选择深红色系的仿古家具，时尚达人会选择浅黄色系地板配色，黄中偏白的木地板与深红色家具形成鲜明协调的对比效果。对比色系相配，原则上要慎用，配色既要有对比强烈的效果，又要有和谐映衬的作用。

此外，在家庭装修中，对于白色的应用应较为谨慎，白色反光程度过高，采用灰白色或米白色更能取得整体色调的和谐效果。例如，纯白色的地板装饰不当很容易造成上重下轻的不适局面，所以，建议使用灰白色的地板代替纯白的地板，这样在装饰选择的时候不容易造成装饰不当。白色墙壁和深色地板搭配也会使得地板显得很暗，如果墙壁选择略带色调的米白、浅绿等，墙壁和地板颜色就比较容易接近，也使空间显得较大，风格简约，清新典雅。

第三节 地暖实木地板的室内应用案例

随着装饰行业的发展和人们生活水平的提高，人们的居住观念从单纯的"环境需要"转变为"品质需要"，并向自然化、艺术化、个性化、民族化、环保化方向发展。传统的实木地板出现过一些木材本质特有的问题，而地暖实木地板正好系统地解决这些问题。所以，地暖实木地板作为地面装饰材料以其独特的自然属性，备受人们的青睐，成为首选的地面装饰材料之一，现已广泛地应用于室内地面装饰装修。如今，

图 7-25　近色系图示

图 7-26　对比色图示

145

地暖实木地板的花色品种多样，如何科学合理地体现出木地板的艺术效果，达到与居室室内环境的协调与统一，成为人们思考的问题。为此针对不同装饰风格的居室，以实际案例的形式介绍不同种类的地暖实木地板在室内环境中的运用。

（一）现代简约风格

现代简约风格产品的特点是简约、自然、清新。装饰风格简洁、直接、功能化且贴近自然，一份宁静的简约风情，绝非是蛊惑人心的虚华设计。崇尚简约自然、返璞归真的生活。产品的设计也是以人为本、环保自然、简约明快，这也是目前国际家装经久不衰的流行元素。

现代简约风格设计核心是从务实出发，切忌盲目跟风而不考虑其他的因素。简约的背后也体现一种现代"消费观"，即注重生活品位、注重健康时尚、注重合理节约科学消费。一般选用原色和浅色调的时尚类实木地板，如桦木、硬槭木、柚木等，特点是表面光度较低，质朴、素雅的表面带来清新明亮的感觉。较高纯度素色的地板搭配较为强烈，搭配室内整体色调，或深沉稳重或朝气蓬勃。

实例1：桦木不等长木地板
产品规格（长 × 宽 × 厚，下同）：不等长 ×85×18（mm）
工艺要求：平面处理工艺
风格特点：现代风格木地板
文字点评：浅色实木地板为基调，搭配相近色的家居，运用大面开窗引入明亮光线，木地板一直延续到墙面，将空间感二次延伸放大，没有多余的造型，营造一种简约时尚的空间效果。

图 7-27 现代简约风格实例 1

实例 2：栎木常规木地板

产品规格：900×118×18（mm）

工艺要求：平面处理工艺

风格特点：现代风格木地板

文字点评：木地板的外形和色彩，全以遵从栎木天生纹理变化取胜，着重渲染木质的流动走向，明暗交替间，形成极强视觉冲击，用材配色大胆跳跃，在保证了独特设计感的同时注重实用功能，赋予了空间无限的遐想。

图 7-28 现代简约风格实例 2

实例 3：栎木不等长木地板

产品规格：不等长 ×116 ×18（mm）

工艺要求：平面处理工艺

风格特点：现代风格木地板

文字点评：素净栎木和全哑板面低调融合，配着原木特有的节疤，释放质朴、单纯的原始美感，使栎木真趣纤毫毕现，几近极致，让脚底踩踏更具实木地板的质感，无缝拼接更方便清理，使生活轻松自在。

图 7-29 现代简约风格实例 3

实例 4：栎木常规木地板

产品规格：900×118×18 (mm)

工艺要求：平面拉丝处理工艺

风格特点：现代风格木地板

文字点评：简约自然的栎木线条，致密的山水纹理，哑光涂饰装点的拉丝表面。提取原木年轮被物质化的时间脉络，在忙碌的城市之中，为家居创造出具有童话色彩的诗意生活。

图 7-30 现代简约风格实例 4

（二）中式经典风格

中式风格产品是经典产品，也是目前市场上的常规产品，以红色系为主。命名突出中国的传统文化，并结合现代社会的接受程度。在传统美学规范之下，运用现代的材质及工艺，去演绎传统中国文化中的经典精髓，使产品不仅拥有典雅、端庄的中国气息，并具带有明显的现代特征。

中式经典风格主要特征是以木材为主要材质，充分发挥木材的物理性能，创造出独特的木结构或穿斗式结构，讲究构架制的原则，建筑构件规格化，重视横向布局，利用庭院组织空间，用装修构件分合空间，注重环境与建筑的协调，善于用环境创造气氛。运用色彩装饰手段，如彩画、雕刻、书法、工艺美术和家具陈设等艺术手段来营造意境，每一件中式的家具都是有生命的，虽然或许只是整个空间的一个细节，但放在任何位置都可以决定这个地方的气质，地面一般选用代表吉庆喜气的红色类材种，如花梨木、香脂木豆、柚木等材质的实木地板。

实例 1：香脂木豆常规木地板

产品规格：900×118×18（mm）

工艺要求：平面处理工艺

风格特点：中式风格木地板

文字点评：香脂木豆，天生异香、纹理自然，久置室内，气味悠远绵长，材色提神怡情，交错铺设，更有"疏影横斜水清浅，暗香浮动月黄昏"之感。如此设计，只为让使用者独得"色形味"全面享受，营造宜人的起居空间。

图 7-31 中式经典风格实例 1

实例 2：圆盘豆常规木地板

产品规格：900×115×17.8（mm）

工艺要求：仿古处理工艺

风格特点：中式风格木地板

文字点评：兼有"色、纹、型"之美，色彩强烈、纹理粗犷、触感温润，有金玉其中的视觉冲击力，仿古的板面处理除带来醇厚的历史感之外，更有极佳舒适度，将古典的美学理念融入到整个家居环境中去，仿古地板的脚感更加好。

图 7-32 中式经典风格实例 2

实例 3：花梨常规木地板

产品规格：900×116×18 (mm)

工艺要求：平面处理工艺

风格特点：中式风格木地板

文字点评：花梨木地板纹理细密美观，具自然形成的天然图案；耐腐耐磨，有明显檀香味，是名贵的地板用材，天生独具深厚底蕴。将其收入室内，顿时即有"乐山乐水，居木品茗"的文化传承气息，不仅悦目养生，还可陶冶身心。

图 7-33 中式经典风格实例 3

实例 4：柚木常规木地板

产品规格：900×116×18 (mm)

工艺要求：平面处理工艺

风格特点：中式风格木地板

文字点评：柚木地板触之有油感，具香气；重量中等，是实木地板中变形系数较小的一种木材，稳定性极佳；抗弯曲性好，极耐磨、极耐腐、耐久；花纹美观，色调高雅，并且其色泽会随时间逐渐氧化成金黄色，是高档的地板用材。随着时间的推移，柚木地板更具原木魅力。

图 7-34 中式经典风格实例 4

（三）欧式经典风格

欧式风格产品的特点是给人端庄典雅、高贵华丽的感觉，具有浓厚的文化气息。在木材选配上，一般选用拼花实木地板，错落有致的拼接方式，配以精致的雕刻，整体营造出一种华丽、高贵、温馨的感觉。

古典欧式的居室有的不只是豪华大气，更多的是惬意和浪漫。通过完美的曲线，精益求精的细节处理，带给家人不尽的舒服触感，实际上和谐是古典欧式风格的最高境界。同时，古典欧式装饰风格最适用于大面积房子，若空间太小，不但无法展现其风格气势，反而对生活在其间的人造成一种压迫感。地面的装修材料主要是石材和木地板，地面多选择拼花木地板，增加室内的线条性，这样会显得大气。

实例 1：印茄木拼花木地板

产品规格：425×85×18（mm）

工艺要求：平面处理工艺

风格特点：欧式风格木地板

文字点评：印茄木呈红褐色，心材导管含有丰富黄色矿物质，是其独有的特性；纹理深、交错，结构粗，木材质量硬，强度高；耐腐、干缩甚小，稳定性极好，是优质的地板用材，铺装之后居室基调豪华热烈，富有难能可贵的视觉冲击力。

图 7-35 欧式经典风格实例 1

实例 2：栎木拼花木地板

产品规格：425×85×18（mm）

工艺要求：平面拉丝处理工艺

风格特点：欧式风格木地板

文字点评：深褐色板面、褐色纹理，通过丝丝入扣的拉丝工艺勾勒，极大突出了木材天生的质感；同时正反槽锁扣设计带来的法式铺装方案，刻画出最纯正的高贵和自由。

图 7-36 欧式经典风格实例 2

实例 3：栎木拼花木地板

产品规格：425×85×18 (mm)

工艺要求：平面拉丝处理工艺

风格特点：欧式风格木地板

文字点评：栎木是实木的代名词，生长缓慢；纹理直或斜，弦切时具有明显的山形木纹，乳灰的色调酷肖象牙质感，拉丝工艺带来若隐若现的黑色山形纹理，则如泡沫中盘旋的咖啡，配上人字拼铺装方案，顿时营造出时尚、轻松、随意的氛围。

图 7-37 欧式经典风格实例 3

实例 4：番龙眼拼花木地板

产品规格：440×50×17.6 (mm)

工艺要求：平面拉丝处理工艺

风格特点：欧式风格木地板

文字点评：番龙眼木材具金色光泽，纹理直至浅交错；结构细而匀；重量、强度中等；稳定性好，略耐腐。制成品色泽鲜艳、触感柔和，用拉丝工艺在褐灰色表面中暗藏白色断点纹理，使其具备了高级皮毛的质感，配合人字拼铺装和小规格板幅，尽显意大利优雅风格。

图 7-38 欧式经典风格实例 4

（四）美式经典风格

美式风格主要是殖民地风格中最著名的代表，崇尚自由，产品以棕红色、棕黑色的为主，突出的主要特色为稳重、宏伟、低调、奢华和一定的历史感。美式风格产品一般采用胡桃木和枫木，为了突出木质本身的特点，它的纹理本身成为一种装饰。可以在不同角度下产生不同的光感，这使美式家具比金光闪耀的欧式家具更耐看。

美式风格代表了一种自在、随意不羁的生活方式，没有太多造作的修饰与约束，不经意中也能成就一种休闲式的浪漫。而这些元素也体现了一种对生活方式的需求，装修完成的效果显得房子有文化感和高贵感，同时还不缺乏自在感与情调。美式装修风格地面通常使用仿古砖、做旧木地板来装饰，营造温馨自然的感觉。

实例 1：栎木常规木地板
产品规格：900×116×18（mm）
工艺要求：仿古处理工艺
风格特点：美式风格木地板
文字点评：栎木是实木的代名词，呈白色或黄褐色，结构细腻，稳定性好；材质重、硬，木材经过精心调校的深棕色表面、个性流畅的仿古工艺，其全部目标都为彰显主人的地位和身份，时尚个性与古典审美融合，产生了美妙的美式风格化特征。

图 7-39 美式经典风格实例 1

实例 2：黑胡桃拼花木地板

产品规格：425×85×18 (mm)

工艺要求：平面处理工艺

风格特点：美式风格木地板

文字点评：黑胡桃是典型美式高级用材。产品利用其天生具有明显深色条纹的特点，运用人字拼铺装和平面涂饰方案进行"激活"，让每条纹理都记录色彩感十足的人生故事，打造浪漫自由的美式生活。

图 7-40 美式经典风格实例 2

实例 3：番龙眼常规木地板

产品规格：900×115×17 (mm)

工艺要求：平面处理工艺

风格特点：美式风格木地板

文字点评：深沉的栗色与传统的平面处理工艺，只是稍稍提高一些亮度，就具备了黑胡桃的十分神韵，不同光照、同款异趣，尽得时髦之后的深邃品味，时间流逝、韵味不减。适合搭配现代美式与美式联邦风格。

图 7-41 美式经典风格实例 3

实例4：番龙眼常规木地板

产品规格：900×115 ×17 (mm)

工艺要求：仿古处理工艺

风格特点：美式风格木地板

文字点评：本款产品是现代美式的传世展现，经典之棕与醇厚之黄的结合，传递出古典与现代的时尚传承。仿古工艺与半哑涂装则实现了简致表象上的增色提味。一经选择，美式气质浓郁不化。

图 7-42 美式经典风格实例4

实例5：硬槭木拼花木地板

产品规格：425×85×18 (mm)

工艺要求：平面处理工艺

风格特点：美式风格木地板

文字点评：硬槭木材纹理通直，木材中或重，硬度适中，材质细腻，稳定性好。居室中采用大胆撞色极具设计感，大面积的墨绿为主调，搭配浅色系拼花地板，整体色调沉稳不失活泼，与较为奢华大气的美式风格相比，轻美式更注重细节的品质和舒适度。

图 7-43 美式经典风格实例5

第八章　地暖实木地板的安装、验收、使用和维护

地暖实木地板的安装是一个系统工程。地暖实木地板（包括地暖系统）的正确安装、使用和维护也直接影响到地板的使用体验和地板的使用寿命。

第一节 地暖系统的施工

地暖系统因种类不同则施工方法不同，目前，以湿法水暖施工为主流。

一、湿法地暖施工

（一）水地暖湿法的安装流程

1. 确认安装条件

（1）土建地面墙体均已完工。

（2）卫生间应做完闭水试验并经过验收。

（3）相关电气（含温控器导线）预埋应已完成。

（4）避免交叉施工。

（5）施工环境温度不宜低于5℃。在低于0℃的环境下施工时，现场应采取升温措施。温度过低时，塑料管和加热电缆韧性变差，抗弯曲性能变差，因此很难施工。

2. 清理找平地面

施工安装前，对施工现场做必要的清理，清除杂物、垃圾、结块，并对凹凸不

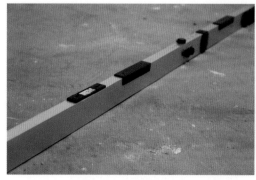

图8-1 平整度检测

图8-2 分水器、集水器安装

图 8-3 侧面绝热层铺设

图 8-4 绝热层铺设

图 8-5 反射膜铺设

平的地面作找平处理。地面不平整，会影响到绝热层的铺设质量和加热部件的安装质量（见图 8-1）。

3. 安装分水器、集水器

将分水器、集水器靠墙体安装（分水器在上、集水器在下），保证平直、牢固，并连接主管路。分集水器适宜固定在厨房或卫生间，管道施工完成后应在每个支路上做好区域标记，方便后期的检修（见图 8-2）。

4. 铺设侧面绝热层

在使用地暖的房间内，所有墙体、柱与地面相交的边缘，均需敷设边界保温带。保温带厚度 ≥ 10mm；高度应超过混凝土填充层上表面标高；采用搭接方式连接，搭接宽度 ≥ 10mm（见图 8-3）。

5. 铺设绝热层

铺设时，保温板的相互接合无缝隙，接头应用胶带粘结平顺（见图 8-4）。直接与土壤接触或有潮湿气体侵入的地面应在铺设绝热层之前铺设一层防潮层。

图 8-6 加热管敷设 　　　　　　　　　　　图 8-7 伸缩缝预留

6.铺设反射膜

反射膜要铺设平整，遮盖严密，尽量减少褶皱。反射膜之间拼缝处实施搭接。注意方格整齐,并用胶带粘连（见图 8-5）。主要起管线定位标识及保护绝热层的作用。

7.敷设加热管

（1）加热管道应按设计图纸标定的管间距和走向铺设，加热管应保持平直（见图 8-6）。

（2）当地面面积超过 30m² 或边长超过 6m 时，应按不大于 6m 的铺装间距设置伸缩缝，伸缩缝宽度不应小于 8mm。伸缩缝应有效固定（见图 8-7）。

（3）加热管的环路布置不宜穿越填充层的伸缩缝，必须穿越时，伸缩缝处应设长度不小于 200mm 的柔性套管。

（4）加热管道应做到自然释放，防止管道扭曲，影响使用寿命；保证管道弯曲半径，以免机械损伤，导致水流不通畅。

（5）埋设于填充层内的加热管道不应有接头。在铺设过程中管材出现损坏、泄漏等现象时，应当整根更换，不应拼接使用。

（6）可在加热管线上铺设钢丝网线或硅晶网。

（7）在分、集水器附近以及其他局部加热管排列比较密集的部位，当管间距小于 100mm 时，加热管外部应设置柔性套管。

8.冲洗打压及隐蔽工程验收

铺设完成后，连接供回水水管；对所有管道依次进行冲洗；进行打压，当压力达到 0.3MPa,打开放气阀放气,后打压至 0.6MPa,稳压 1 小时,压力降幅小于 0.05MPa,试压合格；若超出，则表明有泄漏，应进行检查，维修或更换漏点部件（见图 8-8）。

9.填充层施工

（1）填充层施工过程中，严禁使用机械振捣设备；施工人员应穿软底鞋，使用

图 8-8 打压测试

图 8-9 填充层施工　　　　　图 8-10 养护

平头锹（见图 8-9）。

（2）水泥砂浆填充层表面的抹平工作应在水泥砂浆初凝前完成，压光和拉毛工作应该在水泥砂浆终凝前完成。

（3）地面平整度：≤ 5mm /1m 。

10. 养护

（1）系统初始供暖前，水泥砂浆填充层养护时间不应少于 7 天，或抗压强度应达到 5MPa 后，方可上人行走；豆石混凝土填充层的养护周期不应少于 21 天（见图 8-10）。

（2）养护期间及期满后，应对地面采取保护措施，不得在地面加以重载、高温烘烤、直接放置高温物体和高温设备。

11. 安装热源、温控（见图 8-11）

（二）电地暖的湿法安装流程

1. 确认安装条件

加热电缆施工前，应确认加热电缆冷线预留管、温控器接线盒、地温传感器预留管、供暖配电箱等预留、预埋工作已经完成。

2. 清理找平地面（同上 2）

图 8-11 热源及温控系统安装

3.铺设侧面绝热层（同上4）

4.铺设绝热层（同上5）

5.铺设反射膜（同上6）

6.敷设加热电缆

（1）加热电缆严禁在现场剪裁和拼接，有外伤或破损的加热电缆严禁铺设。

（2）加热电缆下应铺设金属网；金属网应铺设在填充层之间，填充层在铺设金属网和加热电缆的前后分层施工。

（3）施工过程中，加热电缆有搭接时，严禁电缆通电，以免搭接时温度过高损坏电缆。

（4）在合适的部位放置地温探头。

（5）加热电缆安装前后应测量标称电阻和绝缘电阻，防止电缆有断路、短路，并做自检记录。

（6）加热电缆的热线与冷线接头应暗装在填充层或预制沟槽保温板内，并且热线部分严禁进入冷线预留管，防止热线在套管内发热，影响寿命和安全性能。

（7）设置地温传感器。

7.填充层施工（同上9），完工后对地温探头位置做好标识

8.填充层施工后，应进行加热电缆的电阻和绝缘电阻检测验收并做好记录

9.连接加热电源、安装温控装置

二、干法地暖施工

1.地面清扫，找平

2.铺设防潮层

3.模块铺装，相邻板块上的沟槽应相互对应，紧密依靠；用铝膜胶带贴接缝

4.加热管线或加热电缆安装

图 8-12 干法加热管线安装

将加热管线或加热电缆安装嵌入地暖模块沟槽（见图 8-12）。

由于加热电缆的加热原理与水暖的加温原理不同。加热电缆应该在均热层上安装地温探头。

5. 电地暖和水地暖的后续施工

（1）水地暖的后续施工：安装分、集水器，热源安装与连接，冲洗与打压与湿法水暖施工要求一致。

（2）电地暖的后续施工：连接加热电源及安装温控装置，要求与湿法水暖施工要求一致。

6. 其他注意事项

（1）加热管或加热电缆应小心轻放，不得抛、摔、滚、拖；不得暴晒淋雨。

（2）应避免因环境和物理压力受到损害，并应远离热源。

（3）施工过程中应防止油漆、沥青或其他化学溶剂接触污染加热部件的表面。

（4）在电地暖安装过程中，对于加热电缆的检测通常分为三次。在安装加热电缆前进行第一次检测；在安装完加热电缆后进行第二次检测；第三次检测是在安装电地暖温度控制器时。

第二节 地暖系统的调试与试运行

地暖系统的调试与试运行的目的是使系统的水力工况和热力工况达到设计要求。地暖系统必须通过现场调试来适应实际情况。调试运行由暖通施工单位进行，调试运行时需具备正常供暖和供电的条件。

一、水地暖的调试运行

地暖工程应在地面混凝土填充层养护期满之后，正式验收前或供暖运行前进行初调试或全面的调试。

调试初期，应控制供水温度比室内空气温度高 10℃左右，升温应平缓，并保持初始温度不超过 32℃。先连续运行 48 小时；以后每隔 24 小时，水温升高 3℃。直至达到设计的供水温度，并保持该温度运行不少于 24 小时。正常情况下，需要持续至少一周左右的时间。期间应对于每个房间逐一进行检查，看地面有无隆起、开裂；分、集水器连接有无渗漏，并随时排放管道中的积气。

在热源、输配调试完成，系统达到设计供水温度后，全部分水器、集水器阀门开到最大，开始对每组分、集水器的每一个环路，逐一进行调节，分水器上各个环路的供水温度一般都是一致的，而集水器一侧各个环路的回水温度则会出现差异，回水温度低的环路，表明这一环路水量偏小，温降偏大，应当关小其他环路调节阀。反之，回水温度高的环路，表明这一环路水量偏大，温降过小，应当关小本环路调节阀。通过调节，使每个环路均达到设计要求（见图 8-13）。

为了使建筑构造对供暖地面的热膨胀有一个逐步适应的过程，减少地面隆起与开裂的现象发生，调试运行应该采用平稳而缓慢的升温方式。

二、电地暖的调试运行

加热电缆的功率控制由于是开关调节控制方式，即只要在通电状态下，电缆的发热功率就基本恒定，实现全功率加热，实际发热功率的调节是靠通电、断电的时间周期比例关系来实现的。因此，在实际使用过程中，加热电缆表面的温度无法加以具体的控制。所以，电地暖在调试运行初期也应采用平缓升温方式，使室温缓慢升至设计温度，同时对线路的安全保护系统进行全面检测。

地暖系统的调试运行验收，是地暖实木地板安装的前提条件。否则，可能会影响地暖实木地板的安装使用效果。地暖系统未经调试和试运行，严禁地暖实木地板的安装。

图 8-13 地面温度测量

第三节 地暖实木地板的安装与验收

地板的铺装应在地面隐蔽工程、吊顶工程、墙面工程、水电工程完成并验收后进行，以避免交叉施工对地板造成损坏，影响地板安装质量和安装效果。为减少不必要的麻烦，前期的准备与检查十分必要。"三分地板，七分安装"，地暖实木地板的铺装是极其重要的环节，不仅直接影响着地板的质量，而且对地板铺设后的整体效果和使用寿命影响很大。为了能更好地体现地暖实木地板的铺装质量和使用效果，需要重视安装环节。

一、前期准备

1. 前期的沟通

确认地板的安装区域；门套线、门槛石等高度的预留；门的下沿和待安装的地板（或扣条）间预留不小于 3mm 的间隙，确保地板铺装后，门能自由开启；防水处理方案。

2. 地面条件的检查

（1）地面平整。检查地面平整度，用 2m 靠尺检验地面平整度，靠尺与地面的最大弦高应 ≤ 3mm；墙面同地面的阴角处在 200mm 内应相互垂直、平整。如果是湿法地暖，请在地暖系统调试运行和地面含水率烘烤合格后，进行检查；如是干法地暖，请在地暖模块铺装前检查地面的平整度。凡地面平整度不合格的，需要通过对低凹处补平，对凸起过高的区域进行处理，要予以整改合格。由于地面的不平整，可能会导致悬浮铺装的地板处于悬空状态，导致地暖传热效果不佳、响声过大、锁扣部位损坏或拔缝等状况的发生（见图 8-14）。

（2）地面含水率。地面含水率应 ≤ 10%（见图 8-15）。与土壤相邻的地面（如底层或地下室），应进行防潮层施工。地面含水率超标，需要进行烘烤地面的操作；或

图 8-14 地面平整度测量　　　　　　　图 8-15 地面含水率测量

图 8-16 地面清理

图 8-17 管线标识

图 8-18 防潮地垫铺设

加强防潮措施。

（3）拟铺装区域应有效隔离水源，防止有水源处（如暖气管道、厨房、卫生间等）向拟铺装区域渗漏。

3. 测量并计算所需地板、防潮地垫、踢脚线、平压条、扣条数量。

二、铺装前准备

1. 地面检查

（1）彻底清理地面，确保地面无砂粒、无浮土、无明显凸出物和施工废弃物（见图 8-16）。

（2）复核地面的含水率和地面平整度，地面含水率合格后方可施工。

（3）根据用户房屋已铺设的管道、线路布置情况，标明各管道、线路的位置，以便于施工（见图 8-17）。

2. 防潮地垫铺设

防潮地垫铺设要求平整、不重叠地铺满整个铺设地面，其幅宽接缝处塑料膜应搭接 200mm 以上并用胶带粘接严实，墙角处翻起高度 ≥ 50mm。地插位置要预留、标识（见图 8-18）。

三、地板铺装

1. 地板铺装方案、铺装方向确认

一般来说，地板铺设的方向应以顺光方向；狭长过道地板安装以顺墙方向可以获得较好的视觉效果。在铺设前或遇到不规则房型时，应向用户讲明各种铺设方向的效果。

2. 地板试铺

试验地板颜色的深浅和拼装高度，确保整体视觉效果（见图 8-19）。对于室内外温差大的区域，地板应在铺装地点放置 24 小时后再拆包铺装。

3. 预留伸缩缝

地板与墙及地面固定物间应加入一定厚度的垫片，使地板与墙面保持一定的距离作为伸缩缝（≥ 8mm）。伸缩缝预留的大小应根据房间面积、木材性能、当地平衡含水率等确定（见图 8-20）。

图 8-19 地板试铺

图 8-20　预留伸缩缝

图 8-21 地板安装

图 8-22 地板切割   图 8-23 封蜡

4. 地板铺装

先进行长边的拼装，再进行短边的铺装。如采用错缝铺装方式，长度方向相邻两排地板端头拼缝间距应 ≥ 100mm（见图 8-21）。

5. 切割地板

为保护室内环境，应采用无尘切割。切割地板要在楼道、阳台上进行，避免在室内、过道，尤其是已经安装的地板上切割，避免对地板造成意外损伤（见图 8-22）。

6. 防潮处理

地板的切割面应进行封蜡防潮处理（见图 8-23）。

7. 设置伸缩缝

沿地板长度方向铺装超过 8m，或沿地板宽度方向铺装超过 5m；应在适当位置进行隔断预留伸缩缝，并用扣条过渡。房间门口处，宜设置伸缩缝，并用扣条过渡。扣条的安装要求与门套垂直，且安装稳固。

由于木材具有干缩湿胀的特性，伸缩缝的预留及合理的分割十分重要。伸缩缝应根据铺装时的环境温湿度状况、地板的含水率、木材材性、以及铺设面积情况合理确定，使用地区的平衡含水率参考附录 C1。

在地板与其他地面材料（墙体、柱子、管道、落地家具、壁橱、门套、楼梯、移门等）衔接处，宜设置伸缩缝，并安装扣条过渡。扣条应安装稳固。

8. 障碍物处理

室内如有重物或大型家具等，应视为障碍物处理：即在重物或大型家具的四周预留伸缩缝。

9. 在铺装过程中应随时检查，如发现问题应及时采取措施

10. 安装踢脚线、平压条

需将垫片取出；踢脚线两端应接缝严密，高度一致；踢脚线上的钉子眼应用同

图 8-24 安装踢脚线

图 8-25 扣条安装

图 8-26 地板清洁

色的腻子修补。在过于干燥或潮湿的季节，建议地板铺装后养生 7 ~ 15 天再进行收尾和踢脚线、扣条安装（见图 8-24、8-25）。

地面不允许打眼、钉钉，以防破坏地面供暖系统。

11. 铺装完毕后，铺装人员要全面清扫施工现场，并全面检查地板的铺装质量（见图 8-26）

12. 铺装质量要求

（1）地板铺装质量应满足表 8-1 要求。

（2）踢脚线安装。踢脚线应安装牢固，上口应平直，安装质量要求见表 8-2。

四、竣工验收

1. 验收时间

地板铺装完工后三日内验收。

2. 验收要点

（1）靠近门口处，宜设置伸缩缝，并用扣条过渡，门扇底部与扣条间隙 ≥ 3 mm，门扇应开闭自如。扣条应安装稳固。

（2）地板表面应洁净、平整。地板外观质量应符合产品标准要求。

（3）地板铺设应牢固、不松动，踩踏无明显异响。

（4）铺装宽度≥5m，铺装长度≥8m时，宜采取合理间隔措施，设置伸缩缝，并用扣条过渡。

3. 地板面层质量验收

按表8-1规定验收。

4. 踢脚线安装质量验收。

按表8-2规定验收。

5. 总体要求

地板铺设竣工后，铺装单位与用户双方应在规定的验收期限内进行验收，对铺设总体质量、服务质量等予以评定，并办理验收手续。铺装单位应出具保修卡，承诺地板保修期内义务。

表8-1 实木地板铺装质量要求

项　目	测量工具	质量要求
表面平整度	2m靠尺 钢板尺，分度值0.5mm	≤3.0mm/2m
拼装高度差①	塞尺，分度值0.02mm	≤0.6mm
拼装离缝	塞尺，分度值0.02mm	≤0.8mm
地板与墙及地面固定物间的间隙	钢板尺，分度值0.5mm	8～30mm
漆面	—	无损伤、无明显划痕
异响	—	主要行走区域不明显
①非平面类仿古木质地板不检拼装高度差。		

表8-2 踢脚线安装质量要求

项　目	测量工具	质量要求
踢脚线与门框的间隙	钢板尺，分度值0.5mm	≤2.0mm
踢脚线拼缝间隙	塞尺，分度值0.02mm	≤1.0mm
踢脚线与地板表面的间隙	塞尺，分度值0.02mm	≤3.0mm
同一面墙踢脚线上沿直度	2m靠尺 钢板尺，分度值0.5mm	≤3.0mm/2m
踢脚线接口高度差	钢板尺，分度值0.5mm	≤1.0mm

第四节 地暖实木地板的使用与维护

一、地暖系统的维护和运行

1.水地暖系统首次运行注水前应充分排气，防止因积气导致循环不畅。

2.水地暖系统每年首次运行时，需确保户外户内阀门开启到位，检查过滤器无堵塞，防止杂物对流动的影响；立管回水放气畅通。管内无气堵。

3.管道内在非供暖季节应进行满水保护，防止管材干裂，缩短使用寿命。

4.在有冻结可能的地区应排水、泄压，防止管道冻结，造成破坏或缩短使用寿命。

5.地暖系统使用时，供水温度不宜太高，以 35 ~ 45℃为宜，有利于延长管道的使用寿命。

6.加热电缆辐射供暖系统每年供暖期使用前，应检查温控器及电路系统是否正常，防止非采暖季由于保护不当或积灰等原因，可能会造成采暖季初次运行不安全。

7.地暖系统的表面上应该有明显的标识，不得进行打洞、钉凿、撞击、高温作业等工作，以免破坏或影响地暖系统的管线。

二、地暖实木地板的使用和维护

1.定期清洁维护

（1）定期吸尘或清扫地板，防止沙粒等硬物堆积而刮擦地板表面。

（2）用不滴水的抹布拖擦。

（3）局部脏迹用中性清洁剂清洗，严禁用酸、碱性溶剂或汽油等有机溶剂擦洗。

2.防止阳光长期曝晒。

3.室内相对湿度 ≤ 45% 时，应采用加湿措施；室内相对湿度 ≥ 75% 时，应采用除湿措施。

4.避免金属锐器、玻璃、瓷片、鞋钉等坚硬物器划伤地板，搬动家具和重物时避免拖挪或砸伤地板。

5.不宜用不透气材料长期覆盖。

6.严禁地板接触明火或直接在地板上放置大功率电热器；禁止在地板上放置强酸和强碱性物质。

7.铺装完毕的场所如暂不使用，应定期通风。

8.应避免卫生间、厨房等房间的水源泄漏。

9.在使用地面辐射供暖系统时，应缓慢升降温，建议升降温速度不高于3℃/24h。以防止地板开裂变形。

10.建议地板表面温度不超过27℃。不得覆盖面积超过1.5m²的不透气材料。避免使用无腿的家具。

第九章 常见问题分析

地暖系统及地板安装使用过程中出现的问题，有些问题可以补救，有些不能补救必须重新施工。所以施工过程中一定要高度重视，尽量避免出现问题。以下列举一些常见问题，当然不能囊括全部，因为问题的多样，要特殊问题特殊对待。

第一节 地暖系统常见问题分析

一、填充层产生超标裂缝

（一）原因分析

（1）混凝土强度、厚度不满足要求；填充层的凝固和硬化在环境温度下存在差异引起地面裂缝（见图9-1）；填充层的养护周期短、强度不足就上人踩踏。

（2）伸缩缝设置不合理导致地面裂缝。

（3）苯板绝热层的基层不平或加热管浇筑过程翘起，出现地面冷热不均引起裂缝。

（4）面层施工时，混凝土填充层未完全干燥。

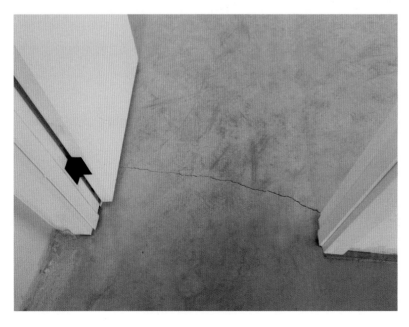

图 9-1 填充层裂缝

（5）初次升温过高过快引起裂缝。

（二）预防措施或解决方案

（1）混凝土的配比应合适、搅拌均匀后施工；施工应避开低温天气；填充层养护周期与强度合格后方进行后续作业。

（2）当地面面积超过 30m² 或边长超过 6m 时，应该按不大于 6m 间距设置伸缩缝，伸缩缝宽度不应小于 8mm。

（3）绝热层敷设前应做找平层；地暖管道固定时，一定要平实、牢固，严禁浮动翘起。

（4）混凝土填充层干燥后再进行面层施工。

（5）初次供暖注意温度和升温速度。

二、水地暖开启后出现水渗漏

（一）原因分析

管材渗漏与否取决于：选材、施工、成品保护、装修和使用维修等。

（1）装修期间在填充层上直接钉钉子或木楔；切割地板、大理石和瓷砖时，损坏加热管造成渗漏，后期施工人员在地面放置高温物体，通过地表面传导高温将加热管烫坏；管材超温、超压工作或管壁薄等。

（2）分、集水器接口部位密封不好。

（3）上下水管路连接部位密封不好，有渗水通过绝热层缝隙流进室内向下漏水；厨房、卫生间渗水倒灌室内下漏；厨房、卫生间填充层上表面没有做防水；加热管穿越厨房、卫生间门口部位时没有做止水墙。

（二）预防措施或解决方案

（1）地暖出现漏水，应及时通知地暖施工单位，对照地暖竣工图，对每个加热管环路进行打压试验，找出渗漏部位。如果确因管道破裂，导致渗漏，检查是管材质量问题、选材不适，还是施工所致等，诊断补救。增设接头时，应根据加热管的材质，采用热熔、电熔插接式连接或卡套式、卡压式铜制管接头连接，并应做好密封、防腐，并在竣工图上清晰标示，记录归档。如果大面渗漏应刨开重做。

（2）更换或上紧分、集水器阀门并用金属厌氧胶密实漏处。

（3）采取补、堵、防等措施处理非加热管漏水；补做厨房、卫生间防水层、过门处止水墙。

三、水地暖温度低

(一)原因分析

(1)该栋楼离热源较远,主管道入户的循环压力不能满足;系统循环水流量不足,管径小阻力大。

(2)墙体保温性能差,估算热负荷低。

(3)盘管设计环路长度太长;盘管间距过大,辐射散热量小。

(4)地面结构不同,有效散热量各不相同;室内家具遮挡过多。

(5)分、集水器进水温度未达到设计要求。

(6)主管道过滤器与进户过滤器堵塞;分、集水器内有积气;某环路管道不畅通或有积气;供、回水立管排气阀堵塞;检查支管与立管连接处是否水平;铺管之前管道内杂物造成局部堵塞;供回水管杂物堵塞。

(7)施工时偷工减料,绝热层不达标或没有绝热层。

(8)施工时盘管路出现死弯、弯扁现象,致使水流不畅,阻力加大。

(9)进户主管、支管上阀门未开启到位。

(10)用户入住率低,户间热损失增大;新建筑地暖刚开始投入使用,建筑墙体、墙面、屋面较潮湿。

(11)加热时间短,智能温控装置温度设定值低。

(12)用铝膜做防潮垫。

(二)预防措施或解决方案

(1)测供、回水压差,如正常再进行水力核算管径和流量。

(2)根据房屋结构、朝向等,计算实际热负荷。

(3)施工前必须专业设计盘管间距和环路管长,否则只能增加供暖时间或提高供水温度等来补救。

(4)面层材料选择要与设计条件一致,减少家具遮挡。

(5)实测供水温度。

(6)清洗过滤器;排气;调水平支管坡度;冲洗盘管或供回水管。

(7)必须采用合格的绝热层隔热保温,否则只有增加供暖时间、提高供水温度等来补救。

(8)规范施工操作,注意盘管最小弯曲半径;更换新管。

(9)检查各阀门开启状况。

（10）入住率高或围护结构干燥后自然转好。

（11）正确调节智能温控装置。

（12）请勿用铝膜代替防潮地膜使用。

四、水地暖温度过高

（一）原因分析

（1）地暖施工时，用户担心温度不够而要求地暖公司减小加热管间距；安装公司没有设计，担心将来温度不够而导致加热管铺设过密。

（2）室外气象参数高于设计参数，而系统没有进行相应调节。

（3）供水温度高或集中供热高温水直供地暖。

（二）预防措施或解决方案

（1）严格设计，计算盘管间距等参数，计算出供水温度值。

（2）进行必要的系统调节、间歇调节或量调节，采用智能温控方式进行舒适性调节。

（3）高温水采用降温装置（换热器或混流装置）调整供、回水温度，以免影响加热管使用寿命。

五、分、集水器的供水管或回水管不热

（一）原因分析

（1）过滤器堵塞，供水管不热。

（2）供、回水管阀门没有打开或堵塞。

（3）供、回水主管堵塞。

（二）预防措施或解决方案

从分、集水器放风处放水，手摸过滤器、阀门或阀门前后管道判断，清洗过滤器或打开阀门端盖处理。

六、电热膜电地暖启动后会跳闸

（一）原因分析

电热膜电地暖系统中的"泄漏电流"是先天性的，是电地暖系统结构决定的。泄漏电流的大小是可以通过电热膜产品结构和铺装工艺控制的，系统中的泄漏电流对人体不构成危害。"漏电电流"是各种故障原因造成的电热膜绝缘被破坏产生的漏

电现象,是有安全隐患的。泄漏电流和漏电电流都会通过"漏电保护装置"反应出来,高于限定值(通常为30mA)则动作,即"跳闸"。跳闸的原因有以下几种可能:

(1)电热膜与填充层形成电容结构产生的泄漏电流大于漏电保护开关限定电流值时会跳闸。

(2)电热膜绝缘没有做好发生漏电。尤其是现场裁剪电热膜、接端子、做绝缘,又缺乏现场检测手段,安装过程中不易发现,只有在调试和运行时漏电保护器跳闸才会发现问题。

(3)安装过程中损坏电热膜造成漏电,且施工中没有发现。

(4)正常运行中突然跳闸,检查系统本身如果没有问题,可能是地面内部泡水,加大了泄漏电流值。

(二)预防措施或解决方案

(1)不同电热膜类型和产品结构在相同散热末端结构情况下会产生不同数值的泄漏电流,所以电热膜厂家必须有相应的解决方案,并且绝对不可以跳过漏电保护装置接线。

(2)要求厂家不要在现场操作,确保电热膜出厂前的质量合格,现场具备检测手段,施工过程中实时检测。

(3)只有每片电热膜导线直接进入接线盒的施工工艺才可能直接检测出问题点所在,否则只能破坏整个地面后检测并重新安装。

(4)待地面干燥后会恢复正常。

七、电热膜电地暖达不到设计温度或升温很慢

原因分析

(1)铺设功率不够。可能是设计功率负荷的原因,也可能是实际铺设率没有达到设计要求。

(2)新建房屋的第一年。主要是要把墙体、地面上的水分蒸发干,而电地暖的低温运行,水分的蒸发速度慢、耗能也较高,待房屋彻底干燥后升温会加快,能耗也会减少。

(3)空房子比室内有较多家具的升温要慢。电热膜电地暖的辐射传热基本上不加热空气,直接辐射传热到其他物体上,所以房间四壁和室内物体的温度永远高于室温。没有家具的空房间,房间四壁向户外传热造成部分热损失,所以房间升温慢。

(4)功率衰减。有些类型或有些厂家的电热膜使用几年后,由于功率衰减,即

电阻值变大、功率变小，单位时间产生的热量比原来少，所以升温变慢或永远热不起来。按照《低温辐射电热膜》（JG/T 286—2010）标准为不合格产品，应属电热膜厂家责任。

（5）电热膜发热体损坏。由于国内不少电热膜厂家的施工工艺中都没有漏电保护和接地保护要求，即使由于非正常原因造成某些电热膜破损、漏电不发热，用户也不会觉察到。此为施工的责任。

（6）电源电压偏低。我国的照明电压是 220 伏，可实际上在用电高峰时，不少地区电压会降低。如果电压降低 10%，电热膜电地暖的发热量将降低 19%，而如果电压降低 20%，则发热量则减少 36%。

八、电热膜电地暖产生局部过热

（一）原因分析

局部过热是指电地暖系统在使用过程中由于地板表面上覆传热性能差的物品，如棉被、大型落地家具等，使其下部热量逐步聚集、温度升高并产生一定危害的现象。局部过热的危害轻则烧坏发热体下部保温层，地面出现镂空，发热体漏电、断路、短路等，重则可能会引起火灾甚至危及生命。尽管通常电地暖系统使用说明书中都会有诸如"在使用过程中禁止大面积覆盖"等说明，但是用户在使用过程中很难完全避免因覆盖而发生的局部过热现象。

另外，局部过热与不同类型电热膜产品性能、地面散热末端结构、电热膜功率密度这两个主要因素有关。

（1）产品性能。不同类型电热膜具有不同的"温度—电阻"曲线，PTC 正温度系数自限温电热膜，造成局部过热的可能性就越小，但启动电流大、衰减快，还是电热膜本体上设置过热保护传感器及接地更有保障。

（2）地面散热末端结构。电热膜上覆材料不同，传热效果及蓄热量不同，各层之间的温度梯度也不同，上覆层综合导热系数越大越不容易产生局部过热。地板下面直接铺设电热膜的铺装结构要比瓷砖加水泥砂浆结构容易造成局部过热。

（3）功率密度。功率密度越大，单位时间产生的热量越多，造成局部过热的可能性就越大。

局部过热是上述三个基本条件的关联因素，是相互影响和制约的。

（二）预防措施或解决方案

为了防止用户在使用过程中可能出现的局部过热现象，在进行电热膜电地暖系

图 9-2 电热膜发热不均
引起地板变形

统设计时，必须依照边界条件设置过热保护系统并保证不会出现死角。

局部过热保护系统的作用是即使用户在地板上放置了不易传热的物品也不会发生局部过热现象。因为如果放置的物品面积较小时，基于上述过热保护系统设置的条件，不会发生局部过热现象；当物品面积较大时，过热点周围达到设置的最高允许温度，过热保护系统启动，发热体断路停止工作。撤除覆盖物、发热体表面降低到安全温度后发热体重新自动启动。目前大部分厂家的电热膜电地暖工程都没有安装过热保护系统，有的厂家只是在每条电热膜的一端安装一个金属保险丝，或利用温控器的地温传感探头，均很难真正起到过热保护的作用。因此，不建议将地暖实木地板使用于电热膜电地暖上。

九、温控器启停正常，加热电缆不工作

（一）原因分析

（1）温控器内的继电器触点损坏。

（2）加热电缆线短路或断裂。施工中疏忽，将热线引入墙中的 PVC 管或直接接进温控器，导致加热线在 PVC 穿墙管或温控中热量累积而发生短路；施工强力拉扯加热电缆导致双导加热电缆的末端接头处或单导加热电缆冷热接头处断裂，无法通电制热。

（二）预防措施或解决方案

（1）更换温控器。

（2）更换发热电缆。

十、加热电缆地暖运行两三年后不热

（一）原因分析

（1）某些产品的线功率提高到 20w/m 以上，导致芯线温度过高，使用时间久后，加热电缆芯线绝缘层就会加速老化、变质，最后加热电缆绝缘层被破坏，引起短路不制热。

（2）加热电缆在某些特殊的场合，比如：潮湿的一楼地面，若采用冷接头方式的加热电缆，由于接头是直接与潮气接触，就会有水汽侵入，该接头处绝缘就会下降，采暖时就会产生泄漏电流，引起漏电保护器动作，无法制热。此时若采用隐式接头（冷、热线采用热焊接，整根电缆光滑无痕）就不会留下此弊端。

（3）在我国某些特殊的地区，某些家庭、住宅小区、办公室都会有用地毯作地面装饰物的习惯，或是在使用中不小心使某些采暖面长期被厚物覆盖这样，热量逐渐蓄存，温度的累积升高，会给加热电缆造成隐患。短则 2～3 年，加热电缆就会产生故障而失效。

（4）功率衰减的太大。

（二）预防措施或解决方案

更换加热电缆。

第二节 地暖实木地板常见问题分析

一、地板产生瓦状变形

（一）原因分析

地板产生瓦状变形（见图 9-3）一般都与水分有关。

图 9-3 地板产生瓦状变形

（1）地面潮湿，地面含水率高于地板含水率。新交工的楼房，地面的水分一般都在 20% 以上，有的高达 25%，很多楼房当年交工就装修，地面含水率是很难达到要求；地面与土壤、地下室相邻。

（2）不使用防潮地膜、防潮地膜破损或铺设方法不正确，导致地面的水汽窜到地板背面。

（3）渗水、跑水、漫水。（厨房、卫生间、阳台）渗水、水龙头未关、下水道不通引起漫水、花盆托盘／鱼缸漫水、管道破裂、雨水等。

（4）使用不当。经常清洁时拖把滴水渗入地板下面。

（5）墙边或固定障碍物处未留足够伸缩缝；收缩缝内有垫片、杂物；大型家具或重物对称摆放于地板上，导致地板不能正常缩胀。

（6）环境湿度不符合使用要求。

（7）室内长时间无人居住，空气不流通使地板受潮。

（8）地暖升温速度过快或温度设置太高。

（二）预防措施

（1）开启采暖系统，烘烤地面 5 天以上；地面加铺一层塑料膜。

（2）务必使用防潮地膜；发现防潮地膜破损，用防水胶带粘贴；地膜搭接完好；四周踢脚线处地膜至少要上翻 5cm。

（3）经常检查是否有渗水、漏水等现象；外出时关好门窗、关闭水龙头。

（4）正确使用维护，避免清洁时有水渗入地板下面。

（5）地板安装时预留合理的伸缩缝；大型家具和重物避免对称摆放，或将大型家具和重物下方单独垫高。

（6）进行除湿处理。

（7）经常保持室内通风，使室内湿度适宜。

（8）按要求开启地暖和设定合理温度。升温速度不超过 3℃/24 小时，地板表面温度不得超过 27℃，可暂停地暖一段时间即可恢复。

（三）维修

（1）地板出现轻微凹瓦时，将靠近瓦边最近处的踢脚线拆开，对流排除湿气。

（2）地板出现明显凹瓦时，将变形的地板拆下，平放，重物压，阴干。

（3）地板出现严重瓦片，更换。

二、地板起拱

地板局部区域向上拱起（见图 9-4）。

图 9-4　地板起拱

（一）原因分析

（1）湿法地暖填充层施工时四周未预留伸缩缝，导致地暖开启后，地板与地面一起拱起；关闭地暖，恢复正常。

（2）铺装前混凝土地面含水率过高，地板受潮起拱变形。

（3）未使用防潮地膜、防潮地膜破损或安装不当导致地板受潮起拱。

（4）跑水、渗水、漫水导致地板受潮起拱、变形。

（5）安装时伸缩缝预留量不足。地板吸湿膨胀却没有足够的空间，导致地板顶墙或障碍物从而出现起拱现象。

（6）房间过大、过宽，中间未做隔断。

（7）大型家具或重物对称摆放。

（8）环境湿度过大。

（9）室内长时间无人居住，房间湿度过大，空气不流通使地板受潮。

（二）预防措施

（1）湿法地暖填充层施工时，四周应该预留合理的伸缩缝。

（2）在潮湿地区、底楼、新交房铺装时，需加强防潮。

（3）务必使用防潮地膜；发现防潮地膜破损，用防水胶带粘贴；地膜搭接完好；四周踢脚线处地膜至少要上翻 5cm。

（4）经常检查是否有渗水、漏水等现象；外出时关好门窗、检查水龙头是否关闭。

（5）安装时预留合理的伸缩缝；使用配套的平压条。

（6）地板铺装宽度方向 ≥ 5m，地板铺装长度方向 ≥ 8m，应在适当位置进行隔

图 9-5 地板裂纹　　　　　　　　　　　　　图 9-6 地板拔缝

断预留伸缩缝，并用扣条过渡。

（7）大型家具和重物避免对称摆放，或将大型家具和重物下方单独垫高。

（8）进行除湿机除湿处理。

（9）经常保持室内通风，使室内湿度适宜。

（三）维修

（1）拆下踢脚线，检查伸缩缝是否留足，房间是否有渗水。

（2）如轻微起拱，可进行除湿处理。

（3）严重起拱，需要对障碍部位进行切割。

（4）房间过大，需要在合适的位置预留伸缩缝。

（5）明显凹瓦时，将变形的地板拆下，平放，重物压，阴干，使其恢复后重装。

三、裂纹

地板表面或端面出现细微的条状缝隙（见图 9-5）。

（一）原因分析

（1）地板干缩开裂。地暖使用时，升温速度过快或控制温度过高。

（2）地板受潮挤裂。由于预留缝隙不足或防潮措施不到位，地板失去了膨胀空间，地板会产生较大的膨胀力，当膨胀力大于木材的抗压强度时，板面被挤裂。

（3）靠近阳台或门窗处，长期受阳光直射，地板水分蒸发太快。

（4）地板存在潜在不明显裂纹，地板在运输、搬运或安装过程受力过大，导致地板端裂或贯穿性裂纹。

（二）预防措施

（1）保持室内的湿度适宜。

（2）避免阳光曝晒。

（3）地暖环境下，升温步骤、温控不当导致板面裂纹。

（4）安装过程中对有损坏的板面进行更换。

（三）维修

对超标开裂板修补或更换。

四、拔缝

基于木材的干缩湿胀自然特性，地板出现离缝（见图9-6）。

（一）原因分析

（1）地板安装时锁扣榫槽破损。

（2）房间内过于干燥。

（3）房间面积过大。

（4）伸缩缝预留过大；未使用配套的平压条。

（5）房间长时间关闭无人入住，室内无潮湿空气补充导致相邻地板收缩。

（6）大型家具或重物对称摆放，导致地板随环境正常的尺寸变化时无法均匀收缩，出现局部拼装离缝异常。

（7）地暖升温过快，温度控制过高。

（二）预防措施

（1）安装时认真检查。避免损坏榫槽；发现有破损，及时更换。

（2）保持房间内的湿度。湿度控制在45%以上为宜。

（3）地板铺装宽度方向 ≥ 5m，或地板铺装长度方向 ≥ 8m，应在适当位置进行隔断，预留伸缩缝，并用扣条过渡。

（4）根据区域、房间的大小预留合理的伸缩缝；使用配套的专用平压条。

（5）经常保持室内通风。

（6）避免大型家具或重物对称摆放。

（7）控制地暖的升温速度和室内温度。

五、地板变色

（一）原因分析

（1）地板受潮变色（见图9-7）。大量的潮气从破损处进入地板，导致含水率的

图 9-7 变色现象

急剧升高，木材里的可溶物溶出或者是变色菌的作用，会导致木材发生变色，多发于阳台、卫生间和厨房类潮湿过渡区域。地板与潮湿界面连接处未做好防潮，潮气窜入引起地板局部变色。

（2）阳光暴晒，造成地板变色。

（3）房间长期不通风、环境潮湿，滋生的真菌引起变色（蓝变）。

（4）地板自然变色。木材是由纤维素、半纤维素和木素组成，多数木材变色是由浅变深。由于木材的心材与边材、根部与梢部中的变色物质的种类及含量不同，所以产生变色的程度也略有差异。有些树种变色明显，有些树种变色不明显，木材的光变色是木材固有的特性。

（二）预防措施

（1）安装前认真检查房间地面的含水率是否偏高，并清理地面，避免凸起的砂粒等垫损坏防潮膜。地板与洗手间、厨房、阴面阳台等潮湿场所交界处，应将防潮膜上卷包住地板边部，避免潮气由此渗入。

（2）防潮垫必须完好无损，缝隙需要用宽度 60mm 以上的胶带粘贴牢固。

（3）防止地板长时间阳光直射。

（4）保持室内通风，使室内湿度适宜。

六、色差

木材是天然材料，即使是同一棵树，其边材和心材颜色也存在着明显的差异。通常，边材颜色较浅，心材颜色较深；树根部位的颜色和树梢部位的颜色也不一样。

每片地板的图案都不同，这就是天然木材的魅力。正是这些木材颜色的差异构成了美丽的花纹和图案。在欧美，人们在选购地板时就是要寻求这种天然的美，所以对色差没有任何要求。在国家标准《实木地板 第1部分：技术要求》（GB/T 15036.1—2018）中实木地板的外观质量并未对色差做出限定。所以，实木地板的色差不是产品的质量问题（见图9-8）。

（一）原因分析

（1）木材材质具有的色差。

（2）安装时未做调整，将颜色反差大的地板安装在一起。

（3）产品批号不同导致的色差。

（二）预防措施

（1）实木类地板有色差是其天然特性。导购员在介绍产品时一定要告知消费者，实木地板是天然的，存在色差属于正常现象。

（2）经过一段时间地板会有自然的变色，可以减少色差。

（3）铺装时，要尽量把深浅颜色逐渐过渡，这样色差就不明显，用户也容易接受。或者把颜色相近的地板安装在同一房间，以满足顾客要求。

（4）如顾客一定要求没有色差，则拒绝安装。

图9-8　色差——自然美

七、 响声

人在地板上走动过程中，地板上下运动，地板企口处相互摩擦产生响声，木材的密度越大，产生的摩擦力也越大，响声就越大，地板的上下运动是产生响声的主要因素。

（一）原因分析

（1）新地板铺装后，由于处于磨合期，榫槽之间会存在轻微摩擦，走动时会有轻微响声出现。

（2）地面不平引起。地面平整度不达标，如采用龙骨安装，安装人员在木龙骨的下面加垫片（垫片没有垫实或者没有垫平）。地板安装后，地板的部分位置悬空，走动时就产生响声。这种情况是安装后立即就会响，而且是局部的。

（3）防潮措施不当。在地板安装过程中，防潮膜铺装过程中产生破损，造成潮气窜入地板背面，导致地板不均匀变形扭曲，使地面和地板之间产生间隙，踩踏过程产生响声。

（4）预留的收缩缝不足。地板湿胀时顶到墙或障碍物轻微拱起。

（5）大型家具或重物对称放置。地板湿胀时轻微拱起。

（6）使用维护不当。采用劣质油精；水分渗入地板。

（二）预防措施

（1）地面平整度应小于 3mm/2m，若地面不平，请用户找平后再铺装地板。

（2）保证地面含水率符合铺装工艺要求。

（3）做好防潮处理。

（4）铺装时预留合适的伸缩缝。

（5）调整房间家具摆放，将重物放于一侧，给地板留下伸缩的空间。

（6）使用合格的辅料（如龙骨等）。

（7）视产生原因维修处理，可用消声剂处理或地板重铺。

八、漆膜脱落

（一）原因分析

（1）地板受阳光暴晒引起干缩，导致漆面开裂脱落（见图 9-9）。

（2）防潮处理不当，地板受潮含水率高，导致膨胀引起。

（3）地板泡水，引起漆面开裂脱落。

图9-9　漆膜脱落

（4）地板油漆附着力差。

（5）清洁地板时使用碱性较大清洁剂；用滴水拖把清洁。

（二）预防措施

（1）避免地板在阳光下暴晒和高温烘烤。

（2）做好防潮措施。

（3）环境干燥时，适当加湿。

（4）产品工艺原因。

（5）不要用碱性清洁剂；用不滴水拖把拖地。

附 录

附录 A　地暖实木地板的相关标准

ICS 79.080
B 69

中华人民共和国国家标准

GB/T 35913—2018

地采暖用实木地板技术要求

Technical requirements of solid wood flooring for ground with heating system

2018-02-06 发布　　　　　　　　　　　　　　2018-09-01 实施

中华人民共和国国家质量监督检验检疫总局
中国国家标准化管理委员会　发 布

图为 国标封面，后附排名

GB/T 35913—2018

前　言

本标准按照 GB/T 1.1—2009 给出的规则起草。

本标准由国家林业局提出。

本标准由全国木材标准化技术委员会(SAC/TC 41)归口。

本标准负责起草单位:中国林业科学研究院木材工业研究所、浙江菱格木业有限公司、浙江柏尔木业有限公司。

本标准参加起草单位:久盛地板有限公司、上海泛美木业有限公司、广东省宜华木业股份有限公司、吉林省林业科学研究院、大自然家居(中国)有限公司、浙江世友木业有限公司、浙江康辉木业有限公司、深圳宏耐木业有限公司、安信伟光(上海)木材有限公司、巴洛克木业(中山)有限公司、北京瑞嘉欧亚木业有限公司、德华兔宝宝装饰新材股份有限公司、格林百奥生态材料科技(上海)有限公司、合肥琥珀商贸有限公司、湖南圣保罗木业有限公司、湖南栋梁木业有限公司、江苏南洋木业有限公司、江苏怡天木业有限公司、南京鑫屋贸易实业有限公司、泗阳力欧木业新材料有限公司、苏州大卫木业有限公司、苏州丰润木业有限公司、苏州好宜家木业有限公司、苏州市明大高分子科技材料有限公司、苏州雍阳装饰材料有限公司、厦门市以和为贵建设工程管理有限公司、浙江大友木业有限公司、浙江方圆木业有限公司、浙江格尔森木业有限公司、浙江好运木业有限公司、浙江瑞澄木业有限公司、浙江上臣家居科技有限公司、浙江生活家巴洛克地板有限公司、浙江永吉木业有限公司、湖州衡鼎产品检测中心、中国热带农业科学院橡胶研究所。

本标准主要起草人:黄安民、吕斌、朱国良、肖亦鸿、张恩玖、杨建忠、刘壮超、王军、佘学彬、倪月忠、沈建康、丁奇龙、董国平、费明华、高建忠、顾国华、胡志庆、蒋昌玉、蒋卫、蒋雪林、李家宁、李志刚、刘硕真、刘小芳、陆军、卢伟光、栾金榜、罗惠明、庞秋龙、沈金祥、王宏伟、王寅、王志杰、叶贵和、许金球、徐正财、颜喜斌、杨旭、雍奎义、余宗萍、张晓强、郑加前、庄中南、贾东宇、洪彬、王瑞、罗正洪、程献宝。

A1 地采暖用实木地板的技术要求

按 GB/T 35913—2018《地采暖用实木地板技术要求》规定，其外观质量、规格尺寸及偏差、理化性能等主要指标如下：

1、等级

平面地采暖用实木地板按外观质量、理化性能分为优等品和合格品，非平面地采暖用实木地板不分等级。

2、外观质量要求

名称	表面		背面
	优等品	合格品	
活节	直径≤15mm，不计， 15mm<直径<50mm， 地板长度≤760mm，≤1个； 760mm<地板长度≤1200mm，≤3个； 地板长度>1200mm，≤5个	直径≤50mm 个数不限	不限
死节	应修补，直径≤5mm， 地板长度≤760mm，≤1个； 760mm<地板长度≤1200mm，≤3个； 地板长度>1200mm，≤5个	应修补，直径≤10mm， 地板长度≤760mm，≤2个； 地板长度>760mm，≤5个	应修补， 不限尺寸或数量
蛀孔	应修补，直径≤1mm， 地板长度≤760mm，≤3个； 地板长度>760mm，≤5个	应修补，直径≤2mm， 地板长度≤760mm，≤5个； 地板长度>760mm，≤10个	应修补，直径≤3mm， 个数≤15个
表面裂纹	应修补，裂长≤长度的15%， 裂宽≤0.50mm，条数≤2条	应修补，裂长≤长度的20%， 裂宽≤1.0mm，条数≤3条	应修补，裂长≤长度的20%， 裂宽≤2.0mm，条数≤3条
树脂囊	不得有	长度≤10mm，宽度≤2mm， ≤2个	不限
髓斑	不得有	不限	不限
腐朽	不得有		腐朽面积≤20%， 不剥落，也不能捻成粉末
缺棱	不得有		长度≤地板长度的30%， 宽度≤地板宽度的20%
加工波纹	不得有	不明显	不限
榫舌残缺	不得有	残榫长度≤地板总长度的15%， 且缺榫宽度不超过榫舌宽度的1/3	
漆膜划痕	不得有	不明显	—
漆膜鼓泡	不得有		—
漏漆	不得有		—

漆膜皱皮	不得有		—
漆膜上针孔	不得有	直径≤0.5mm, ≤3 个	—
漆膜粒子	地板长度≤760mm, ≤1 个; 地板长度>760mm, ≤2 个	地板长度≤760mm, ≤3 个; 地板长度>760mm, ≤5 个	—

注 1:在自然光或光照度 300 1x～600 1x 范围内的近视自然光(例如 40W 日光灯)下,视距为 700mm～1000mm 内,目测不能清晰地观察到的缺陷即为不明显。

注 2:非平面地采暖用地板的活节、死节、表面裂纹、加工波纹不作要求。

3、规格尺寸与偏差

3.1 规格尺寸

3.1.1 规格尺寸应符合下表要求:

长度	宽度	厚度	榫舌宽度
≥250mm	≥40mm	≥8mm	≥3.0mm

注:其他尺寸的产品可按供需双方协议执行。

3.1.2 每个包装中允许配比不超过 3 块短板,宽厚相同、总长度与公称长度相同的地板。

3.1.3 非平面地采暖用实木地板公称厚度是指其最大厚度。

3.2 尺寸偏差

3.2.1 尺寸和偏差应符合下表要求。

名称	偏差
长度	公称长度与每个测量值之差绝对值≤1mm
宽度	公称宽度与平均宽度之差绝对值≤0.50mm,宽度最大值与最小值之差≤0.30mm
厚度	公称厚度与平均厚度之差绝对值≤0.30mm,宽度最大值与最小值之差≤0.40mm

3.2.2 长度和宽度是指不包括榫舌部分的净长和净宽。

3.2.3 非平面地采暖用实木地板,厚度偏差不作要求。

3.3 形状位置偏差应符合下表要求:

项目	要求
翘曲度	宽度方向翘曲≤0.20%,长度方向翘曲度≤1.00%
拼装离缝	最大值≤0.3mm
拼装高度差	最大值≤0.2mm

注:非平面地采暖用实木地板拼装高度差不作要求。

4、物理力学性能指标

4.1 物理性能指标

名称	单位	优等品	合格品
含水率	%	5%到我国各使用地区的木材平衡含水率	
		同批地板试样间平均含水率最大值与最小值之差不得超 3.0, 且同一板内含水率最大值与最小值之差不得超过 2.5	
漆膜表面耐磨	—	≤0.08g/100r 且漆膜未磨透	≤0.12g/100r 且漆膜未磨透

漆膜附着力	级	≤1	≤3
漆膜硬度	—	≥H	
漆膜表面耐污染	—	无污染痕迹	
重金属含量（限色漆）	可溶性铅	mg/kg	≤30
	可溶性镉	mg/kg	≤25
	可溶性铬	mg/kg	≤20
	可溶性汞	mg/kg	≤20

4.2 非平面地采暖用实木地板、油饰地采暖用实木地板漆膜表面耐磨、漆膜附着力、漆膜硬度、漆膜表面耐污染不作要求。

5、耐热尺寸稳定性（收缩率）、耐湿尺寸稳定性（膨胀率）指标

项 目		要 求
耐热尺寸稳定性（收缩率）	长	≤0.20%
	宽	≤1.50%
耐湿尺寸稳定性（膨胀率）	长	≤0.20%
	宽	≤0.80%

6、本标准附表：我国各省（区）、直辖市木材平衡含水率

省（区）、直辖市	木材平衡含水率（平均值）%	省（区）、直辖市	木材平衡含水率（平均值）%
黑龙江	13.0	湖南	15.9
吉林	12.5	广东	15.2
辽宁	12.0	海南	16.4
新疆	9.5	广西	15.2
甘肃	10.3	四川	13.1
宁夏	9.6	贵州	15.8
陕西	12.8	云南	14.1
内蒙古	10.2	西藏	8.3
山西	10.7	北京	10.6
河北	11.1	天津	11.7
山东	12.8	上海	14.8
江苏	15.3	重庆	15.9
安徽	14.6	湖北	15.2
浙江	15.5	青海	10.0
江西	15.3	河南	13.5
福建	15.1	香港	—
澳门	—	台湾	—

注：各省（区）、直辖市木材平衡含水率（平均值）根据中国工程建设标准 CECS191：2005《木质地板铺装工程技术规程》中我国主要城市和地区的平均气候值计算得出。

A2 地采暖用实木地板的铺装技术要求

按《地采暖用实木地板及铺装规范》（意见稿）规定，铺装技术要求如下：

一、一般要求

1、在铺装前，应将铺装方法、铺装要求、工期、验收规范等向用户说明并征得其认可。

2、地板铺装应在地面隐蔽工程、吊顶工程、墙面工程、水电工程完成并验收后进行。

3、地面工程施工质量应符合 GB 50209—2010 的相关规定。

4、地面应平整，无开裂，用 2m 靠尺检验地面基面平整度，靠尺与地面的最大弦高应≤3mm。 干法地暖应该在施工前检查基础地面的平整度。墙面同地面的阴角处在 200mm 内应相互垂直、平整。

5、地面含水率应低于 10%，否则地面应进行防潮处理。

6、安装环境相对湿度范围通常宜控制在 45%～75%之间。

7、混凝土或水泥砂浆填充式地面辐射供暖，宜铺设绝热层；预制沟槽保温板地面辐射供暖，宜铺设绝热层、均热层。

8、严禁使用超出强制性标准限量的材料。

9、地面不允许打眼、钉钉，以防破坏地面供暖系统。

10、应对地面供暖系统加热试验，合格后进行铺装。

二、供暖温度要求

供热温度均匀，使用水暖的，地面温度不能超过 42℃，供水温度不能超过 55℃。使用电暖的，电暖地面最高温度不能超过 35℃，供暖系统 24 小时内允许的最大温度变化是 5℃。木地板上表面温度应不超过 27℃。

三、辅料要求

1、垫层宜用 2～3mm 的防潮垫。

2、木质踢脚板背面应有防潮措施，踢脚板厚度需大于地板伸缩缝。

3、扣条、压条、收边条、防潮膜等辅料满足相关铺装要求。

四、悬浮铺装技术要求

1、铺装前准备

（1）彻底清理地面，确保地面无浮土、无明显凸出物和施工废弃物。

（2）测量地面的含水率，地面含水率合格后方可施工。如果地面含水率大于等于 10%，可开启使用供暖系统以加快地面干燥速度，达到要求后方可安装。

（3）严禁湿地施工，并防止有水源处（如暖气出水处、厨房和卫生间连接处）向地面渗漏。

（4）根据用户房屋已铺设的管道、线路布置情况，标明各管道、线路的位置，以便于施工。

（5）制定合理的铺装方案。若铺装环境特殊，应及时与用户协商，并采取合理的解决方案。

（6）测量并计算所需地垫、踢脚板、扣条数量。

（7）门的下沿和安装好的地板（或扣条）间预留不小于 3mm 的间隙，确保地板铺装后门能自由开启。

2、防潮膜铺设

防潮膜铺设要求平整并铺满整个铺设地面，其幅宽接缝处应重叠 200mm 以上并用胶带粘接严实，墙角处翻起 50～80 mm。

3、地垫铺设

地垫铺设要求平整不重叠铺满整个铺设地面，接缝处应用胶带粘接严实。

4、地板铺装

（1）在地板与其他地面材料衔接处，用可调整宽度的专用垫块确定地板伸缩缝，伸缩缝宽度一般 8～30mm。不同地区伸缩缝大小的确定应根据房间面积、当地平衡含水率、木材性能等综合决定，伸缩缝要整齐。

（2）如采用错缝铺装方式，长度方向相邻两排地板端头拼缝间距应≥100mm。

（3）同一房间首尾排地板宽度宜≥50mm。

（4）地板拼接如需要施胶，涂胶应均匀、适量，地板拼接后，应适时清除挤到地板表面上的胶粘剂。

（5）当遇到下列情况时，应在适当位置进行隔断预留伸缩缝，并用扣条过渡。扣条的安装要求与门套垂直，扣条应安装稳固不得有响声。

a.沿地板长度方向铺装超过 8m 时；

b.沿宽度方向铺装超过 5m 时；

c.靠经门口处。

（6）在铺装过程中应随时检查，如发现问题应及时采取措施。

（7）安装踢脚板时，应注意下列问题：

a.地板铺装后宜养生 7～15 天再安装踢脚线；

b.安装踢脚线时，需将垫块取出；

c.踢脚线两端应接缝严密，高度一致；

d.踢脚线上的钉子眼应用同色的腻子修补。

（8）铺装完毕后，铺装人员要全面清扫施工现场。

（9）施胶铺装的地板应养护 24h 方可使用。

5、地板的铺装质量要求按 GB/T 20238—2018 中相关规定执行。

6、踢脚线安装技术要求按 GB/T 20238—2018 中相关规定执行。

A3 《地采暖用木质地板》浙江制造标准关于理化性能的要求

一、物理力学性能应符合表 1 要求。

表 1 物理力学性能要求

检验项目	单位	要求	
		平面	非平面
含水率	%	6.0≤含水率≤我国各使用地区的木材平衡含水率 同批地板试样间平均含水率最大值与最小值之差不得超过 2.5， 且同一板内含水率最大值与最小值之差不得超过 2.0	
漆膜表面耐磨	g/100r	≤0.08，且漆膜未磨透	—
漆膜附着力	级	≤1	—
漆膜硬度	H	≥2H	—
漆膜表面耐污染	级	≥4 级	—

注1：我国各省（区）、直辖市木材平衡含水率按GB/T 39513—2018 附录B中表B.1规定执行。
注:2： 表示不作要求。

二、耐热尺寸稳定性（收缩率）、耐湿尺寸稳定性（膨胀率）应符合表 2 要求。

表 2 耐热尺寸稳定性、耐湿尺寸稳定性要求

检验项目		单位	要求
耐热尺寸稳定	长度	%	≤0.2
	宽度	%	≤1.0
耐湿尺寸稳定性	长度	%	≤0.2
	宽度	%	≤0.5

三、化学安全性能应符合表 3 要求。

表 3 化学安全性能要求

检验项目		单位	要求	检测方法
重金属含量（限色漆）	可溶性铅	mg/kg	≤25	GB 18584 《室内装饰装修材料 木家具中有害物质限量》
	可溶性镉	mg/kg	≤20	
	可溶性铬	mg/kg	≤10	
	可溶性汞	mg/kg	≤10	
总挥发性有机化合物		μg/m³	≤100	GB/T 29899—2013《人造板及其制品中挥发性有机化合物释放量试验方法 小型释放舱法》

四、质量承诺

1、地采暖使用环境特殊，在正常使用和维护条件下，产品质保期为25年、保修期为2年。

2、安装前，若发现产品质量问题或用户不满意等情况，承诺在24小时内进行退换货处理。

3、安装后，若出现产品质量问题，承诺在48小时内作出回应。属于因使用不当引起的质量问题，在3天内提出解决方案，承诺一周内上门处理；属于本身产品质量存在缺陷或服务不当引起的，由公司在3个工作日内与用户协商处理，产品免费更换。

附录 B 《木质地板铺装、验收和使用规范》摘录

依据 GB/T 20238—2018《木质地板铺装、验收和使用规范》国家标准，摘录其保修期内的质量要求，供查阅。

1、保修期限

在正常维护条件下使用，自验收之日起保修期为 1 年。

2、地板面层质量要求

项目	测量工具	质量要求
表面平整度	2m 靠尺 钢板尺，分度值 0.5mm	≤5.0mm/2m
拼装高度差①	塞尺，分度值 0.02mm	≤0.8mm
拼装离缝	塞尺，分度值 0.02mm	≤2.0mm
起拱	2m 靠尺 钢板尺，分度值 0.5mm	≤5.0mm/2m
开裂	钢板尺，分度值 0.5mm 塞尺，分度值 0.02mm	裂缝宽度≤0.3mm，裂缝长度≤地板长度的4%，宽度≤0.1mm 的裂缝不计
漆面质量	—	漆膜不允许鼓泡、皱皮。龟裂地板的累计面积不超过铺装面积的 5%
虫蛀	—	地板和木龙骨中不允许有原生虫卵、蛹、幼虫、成虫引发的虫蛀
宽度方向凹翘曲度②	钢板尺 塞尺，分度值 0.02mm	最大拱高≤1.0mm/块

注：①非平面类仿古木质地板不检拼装高度差。
②测量方法按 GB/T 15036.2—2018 中 3.1.2.6.1 的规定进行。

3、维修

在正常维护条件下使用，保修期内出现不符合上表中的质量要求时，保修方应对超标部位的地板进行免费维修或更换。

4、维修后的验收

地板修复后，保修方和用户双方应及时对修复后的地板面层进行验收，对修复总体质量、服务质量等予以评定。保修方应在保修卡上登记修复情况，用户签字认可。保修方在剩余保修期内有继续保修的义务。

附录 C　全国部分城市气候值和供暖度日数

C1　全国主要城市和地区的平均气候值

省市		统计	一	二	三	四	五	六	七	八	九	十	十一	十二	年
安徽	亳州	$T(℃)$	0.6	3.1	8.2	15.3	20.7	25.5	27.3	26.4	21.6	15.7	8.7	2.7	14.7
		$\Phi(\%)$	68	65	66	66	68	69	80	82	77	73	70	67	71
		M_e	13.4	12.6	12.7	12.5	12.8	12.9	15.5	16.0	14.9	14.1	13.6	13.1	13.7
	蚌埠	$T(℃)$	1.8	3.8	8.7	15.7	21	25.2	27.9	27.2	22.6	16.9	10	4.2	15.4
		$\Phi(\%)$	71	70	70	68	69	72	79	80	76	72	70	68	72
		M_e	14.1	13.8	13.6	12.9	13.0	13.6	15.2	15.5	14.6	13.9	13.6	13.3	13.9
	霍山	$T(℃)$	2.4	4.3	9	15.9	20.8	24.5	27.4	26.6	21.6	16	9.8	4.3	15.2
		$\Phi(\%)$	81	79	79	77	77	81	82	84	85	83	81	79	81
		M_e	16.7	16.1	15.9	15.1	14.9	15.8	16.0	16.6	17.0	16.7	16.4	16.1	16.2
	合肥	$T(℃)$	2.6	4.5	9.1	15.9	21.3	24.9	28	27.6	22.9	17.2	10.7	5	15.8
		$\Phi(\%)$	75	74	74	72	72	77	80	80	78	76	74	72	75
		M_e	15.1	14.8	14.6	13.9	13.7	14.8	15.5	15.5	15.1	14.8	14.6	14.3	14.6
	安庆	$T(℃)$	4	5.8	9.9	16.5	21.8	25.3	28.7	28.4	23.7	18.3	12	6.4	16.7
		$\Phi(\%)$	75	74	77	76	76	80	78	78	77	75	73	71	76
		M_e	15.0	14.7	15.3	14.8	14.7	15.6	14.9	14.9	14.8	14.5	14.3	14.0	14.8
北京	北京	$T(℃)$	-3.7	-0.7	5.8	14.2	19.9	24.4	26.2	24.8	20	13.1	4.6	-1.5	12.3
		$\Phi(\%)$	44	44	46	46	53	61	75	77	68	61	57	49	57
		M_e	8.5	8.5	8.7	8.5	9.6	11.1	14.3	14.8	12.8	11.5	10.9	9.4	10.6
福建	福州	$T(℃)$	10.9	11	13.5	18.2	22.2	26	28.9	28.4	25.9	22.1	17.7	13.2	19.8
		$\Phi(\%)$	74	78	80	80	81	82	77	77	76	71	70	70	76
		M_e	14.5	15.6	16.0	15.8	15.9	16.0	14.7	14.7	14.5	13.4	13.3	13.5	14.7
	永安	$T(℃)$	9.7	11.2	15	19.7	23.1	26	28.2	27.4	25	20.8	15.4	10.7	19.3
		$\Phi(\%)$	80	81	82	81	81	80	74	78	79	78	79	80	79
		M_e	16.1	16.3	16.5	16.0	15.9	15.5	14.0	15.0	15.3	15.2	15.7	16.1	15.5
	厦门	$T(℃)$	12.5	12.4	14.6	18.7	22.6	25.8	27.8	27.6	26	23	19.2	14.6	20.4
		$\Phi(\%)$	75	79	83	82	84	85	82	82	78	71	70	70	78
		M_e	14.7	15.8	16.7	16.3	16.7	16.9	16.0	16.0	15.0	13.4	13.3	13.5	15.2
甘肃	敦煌	$T(℃)$	-8.2	-3.4	4.3	12.5	18.6	22.7	24.6	23.1	17	8.6	0.5	-6.4	9.5
		$\Phi(\%)$	52	40	34	31	33	42	45	45	45	45	51	55	43
		M_e	10.2	7.8	6.7	6.1	6.3	7.6	8.1	8.1	8.3	8.4	9.8	10.7	8.1

省市		统计	一	二	三	四	五	六	七	八	九	十	十一	十二	年
甘肃	玉门	$T(℃)$	-9.8	-5.9	1.1	9.3	15.8	19.9	21.7	20.5	14.9	7	-1.3	-7.8	7.1
		$\Phi(\%)$	53	41	35	31	31	41	47	44	41	40	44	54	42
		M_e	10.4	8.1	6.9	6.2	6.1	7.5	8.5	8.0	7.6	7.6	8.5	10.6	8.0
	酒泉	$T(℃)$	-8.9	-5.1	1.6	9.8	15.8	19.9	21.7	20.4	14.8	7.4	-0.6	-7.1	7.5
		$\Phi(\%)$	53	45	40	35	37	47	53	52	50	47	49	56	47
		M_e	10.4	8.8	7.7	6.8	7.0	8.5	9.6	9.4	9.2	8.8	9.4	11.0	8.8
	民勤	$T(℃)$	-8.5	-4.7	2.3	10.6	16.8	21	23.2	21.8	16	8.2	-0.1	-6.6	8.3
		$\Phi(\%)$	46	40	37	32	36	43	49	52	52	49	48	49	44
		M_e	9.0	7.9	7.2	6.3	6.8	7.8	8.8	9.4	9.6	9.2	9.2	9.5	8.3
	乌鞘岭	$T(℃)$	-11.7	-10.4	-5.9	0.2	5.2	9.1	11.3	10.4	6	0.4	-5.5	-9.5	0
		$\Phi(\%)$	47	53	56	55	56	62	67	70	70	62	50	44	58
		M_e	9.3	10.4	10.9	10.6	10.6	11.8	12.9	13.6	13.7	12.1	9.7	8.7	11.2
	兰州	$T(℃)$	-5.3	-1	5.4	12.1	17	20.4	22.4	21.1	16.3	9.8	2.5	-3.9	9.8
		$\Phi(\%)$	54	49	48	44	48	54	59	63	66	66	60	58	56
		M_e	10.5	9.4	9.1	8.2	8.8	9.8	10.8	11.7	12.5	12.7	11.6	11.3	10.5
	平凉	$T(℃)$	-4.6	-1.8	3.7	10.5	15.2	19	21.1	19.9	14.8	8.7	2.3	-2.9	8.8
		$\Phi(\%)$	54	56	59	56	60	64	72	75	78	74	65	57	64
		M_e	10.5	10.8	11.3	10.5	11.2	11.9	13.7	14.5	15.4	14.6	12.7	11.1	12.2
	合作	$T(℃)$	-9.9	-6.7	-1.6	3.5	7.5	10.7	12.8	12.2	8.3	3.2	-3.1	-8.2	2.4
		$\Phi(\%)$	49	51	59	62	66	71	74	75	76	72	62	51	64
		M_e	9.6	9.9	11.5	12.0	12.7	13.8	14.5	14.7	15.1	14.3	12.2	10.0	12.4
	武都	$T(℃)$	3.3	5.9	10.3	15.8	19.7	22.6	24.7	24.2	19.5	14.9	9.7	4.5	14.6
		$\Phi(\%)$	51	50	52	52	56	60	63	63	69	67	58	52	58
		M_e	9.7	9.4	9.7	9.6	10.2	11.0	11.6	11.6	13.1	12.7	10.9	9.8	10.8
	天水	$T(℃)$	-2	1	6.2	12.6	17	20.6	22.8	21.9	16.8	11	4.7	-0.7	11
		$\Phi(\%)$	62	60	61	59	62	65	70	71	76	76	71	65	66
		M_e	12.1	11.6	11.7	11.1	11.6	12.1	13.2	13.4	14.8	15.0	14.0	12.8	12.6
广东	韶关	$T(℃)$	10.2	11.8	15.1	20.5	24.4	27.4	29	28.5	26.4	22.4	16.8	12.1	20.4
		$\Phi(\%)$	75	77	81	82	81	79	76	77	75	71	71	71	76
		M_e	14.8	15.3	16.2	16.3	15.8	15.2	14.4	14.7	14.3	13.4	13.6	13.8	14.7
	广州	$T(℃)$	13.6	14.5	17.9	22.1	25.5	27.6	28.6	28.4	27.1	24.2	19.6	15.3	22
		$\Phi(\%)$	72	77	82	84	84	84	82	82	78	71	66	66	77
		M_e	14.0	15.2	16.3	16.7	16.6	16.5	15.9	16.0	15.0	13.4	12.4	12.5	14.9
	河源	$T(℃)$	12.7	13.9	17.3	21.7	25	27.2	28.4	28.1	26.8	23.7	18.7	14.3	21.5
		$\Phi(\%)$	70	75	79	81	82	83	80	81	76	70	66	66	76
		M_e	13.5	14.7	15.6	15.9	16.1	16.3	15.4	15.7	14.5	13.2	12.4	12.5	14.7

198

省市		统计	一	二	三	四	五	六	七	八	九	十	十一	十二	年
广东	汕头	$T(℃)$	13.7	14.1	16.6	20.7	24.2	26.9	28.3	28.1	26.8	23.8	19.6	15.5	21.5
		$Φ(\%)$	78	80	82	82	84	86	83	83	81	77	76	75	81
		M_e	15.5	16.0	16.4	16.2	16.6	17.1	16.2	16.2	15.8	14.8	14.7	14.6	16.0
	汕尾	$T(℃)$	14.8	15.2	18	21.7	24.9	27.2	28.1	27.9	27.1	24.6	20.5	16.5	22.2
		$Φ(\%)$	73	78	81	83	85	86	85	84	79	73	69	69	79
		M_e	14.2	15.4	16.1	16.5	16.9	17.1	16.8	16.5	15.2	13.8	13.0	13.2	15.4
	阳江	$T(℃)$	15.1	15.7	18.8	22.7	25.8	27.6	28.2	27.9	26.8	24.3	20.2	16.5	22.5
		$Φ(\%)$	74	80	85	87	86	86	84	85	81	75	69	67	80
		M_e	14.4	15.9	17.1	17.5	17.1	17.1	16.5	16.8	15.8	14.3	13.0	12.7	15.7
广西	桂林	$T(℃)$	7.9	9.3	12.9	18.7	23	26.3	28	27.9	25.3	20.7	15.4	10.5	18.8
		$Φ(\%)$	73	75	79	81	81	82	79	78	73	70	67	67	76
		M_e	14.4	14.9	15.7	16.1	15.9	16.0	15.2	14.9	13.8	13.3	12.7	12.9	14.8
	河池	$T(℃)$	10.9	12.4	15.9	21	24.5	27	28.1	27.9	26	22	17.3	13.1	20.5
		$Φ(\%)$	75	75	77	78	78	80	79	79	75	74	72	70	76
		M_e	14.8	14.7	15.1	15.2	15.1	15.5	15.2	15.2	14.3	14.2	13.8	13.5	14.7
	百色	$T(℃)$	13.3	15.1	19.1	23.6	26.3	27.9	28.4	27.8	26.1	22.7	18.4	14.7	22
		$Φ(\%)$	76	74	72	72	75	78	80	81	79	78	78	75	76
		M_e	15.0	14.4	13.8	13.6	14.3	14.9	15.4	15.7	15.3	15.1	15.3	14.7	14.7
	桂平	$T(℃)$	12.5	13.6	16.9	21.7	25.4	27.6	28.6	28.4	27	23.6	18.8	14.7	21.6
		$Φ(\%)$	79	82	85	84	83	83	80	80	77	74	72	73	79
		M_e	15.8	16.5	17.2	16.7	16.3	16.2	15.4	15.4	14.7	14.1	13.8	14.2	15.4
	梧州	$T(℃)$	11.9	13.1	16.6	21.2	24.8	27.2	28.2	27.8	26.5	23.1	18.1	13.9	21
		$Φ(\%)$	76	79	82	84	84	83	81	82	78	73	71	70	78
		M_e	15.0	15.7	16.4	16.8	16.6	16.3	15.7	16.0	15.0	13.9	13.6	13.5	15.2
	龙州	$T(℃)$	14	15.4	18.9	23.3	26.5	28	28.2	27.8	26.4	23.3	19.2	15.5	22.2
		$Φ(\%)$	79	80	80	80	79	82	83	84	82	80	78	76	80
		M_e	15.7	15.9	15.8	15.6	15.3	16.0	16.2	16.5	16.0	15.6	15.3	14.9	15.7
	南宁	$T(℃)$	12.8	14.1	17.6	22.5	25.9	27.9	28.4	28.2	26.9	23.5	18.9	14.9	21.8
		$Φ(\%)$	78	80	82	81	80	81	82	82	78	75	74	73	79
		M_e	15.5	16.0	16.4	15.9	15.5	15.7	16.0	16.0	15.0	14.4	14.3	14.2	15.4
	钦州	$T(℃)$	13.6	14.6	18	22.7	26.2	27.9	28.4	28.1	27	23.9	19.6	15.8	22.2
		$Φ(\%)$	77	81	84	84	84	85	85	85	80	76	72	71	80
		M_e	15.2	16.2	16.9	16.7	16.6	16.8	16.7	16.8	15.5	14.6	13.8	13.6	15.7
贵州	毕节	$T(℃)$	2.7	4.2	8.7	13.4	16.9	19.5	21.6	21	17.7	13.5	9.1	4.7	12.8
		$Φ(\%)$	86	86	81	79	79	81	79	80	81	84	84	85	82
		M_e	18.0	18.0	16.4	15.7	15.6	16.0	15.4	15.7	16.1	17.1	17.2	17.7	16.5

续表

省市		统计	一	二	三	四	五	六	七	八	九	十	十一	十二	年
贵州	遵义	T(℃)	4.5	6	10.2	15.8	19.7	22.7	25.1	24.6	21	16.1	11.3	6.7	15.3
		Φ(%)	83	81	80	79	78	79	76	77	79	82	81	80	80
		M_e	17.1	16.5	16.1	15.6	15.2	15.4	14.5	14.8	15.5	16.4	16.3	16.2	15.9
	贵阳	T(℃)	5.1	6.6	11	16.1	19.6	22.2	23.9	23.6	20.6	16.3	11.8	7.4	15.3
		Φ(%)	79	77	76	75	76	78	76	75	76	77	77	75	76
		M_e	16.0	15.5	15.0	14.6	14.7	15.2	14.6	14.4	14.7	15.1	15.3	14.9	14.9
	兴义	T(℃)	6.3	8.1	12.5	16.7	19.4	21.3	22.1	21.5	19.3	15.9	11.8	8	15.2
		Φ(%)	83	80	74	74	78	81	82	83	82	82	82	81	80
		M_e	17.1	16.2	14.5	14.3	15.3	16.0	16.2	16.5	16.3	16.4	16.6	16.5	15.9
海南	海口	T(℃)	17.7	18.7	21.7	25.1	27.4	28.4	28.6	28.1	27.1	25.3	22.2	19	24.1
		Φ(%)	86	88	86	85	84	83	82	84	85	82	80	81	84
		M_e	17.4	18.0	17.3	16.9	16.5	16.2	15.9	16.5	16.8	16.1	15.7	16.0	16.6
	东方	T(℃)	19	19.8	22.4	26.2	28.7	29.4	29.3	28.8	27.6	25.8	23	20	25
		Φ(%)	81	83	82	79	76	77	77	80	82	80	77	77	79
		M_e	16.0	16.5	16.2	15.3	14.4	14.6	14.6	15.4	16.0	15.5	14.9	15.0	15.3
	琼海	T(℃)	18.5	19.7	22.6	25.5	27.4	28.3	28.4	27.8	26.8	25	22	19.2	24.3
		Φ(%)	87	88	87	86	85	84	84	86	87	86	84	84	86
		M_e	17.7	17.9	17.5	17.1	16.8	16.5	16.5	17.0	17.4	17.2	16.7	16.8	17.2
河北	石家庄	T(℃)	−2.2	0.8	7.3	15.3	20.9	25.7	26.8	25.4	20.7	14.1	5.9	−0.1	13.4
		Φ(%)	55	52	52	52	57	59	74	78	71	67	65	60	62
		M_e	10.6	9.9	9.8	9.6	10.4	10.7	14.0	15.0	13.5	12.8	12.6	11.6	11.7
	怀来	T(℃)	−7.4	−4.2	2.8	11.8	18.5	22.7	24.4	22.7	17.4	10.2	1.4	−5.2	9.6
		Φ(%)	40	40	41	39	43	54	68	71	62	53	50	43	50
		M_e	7.9	7.9	7.9	7.4	7.9	9.8	12.7	13.4	11.6	9.9	9.5	8.4	9.3
	承德	T(℃)	−9.1	−4.9	2.6	11.9	18.3	22.6	24.4	22.7	17.2	9.9	0.4	−6.9	9.1
		Φ(%)	51	46	43	39	46	58	71	73	66	58	56	54	55
		M_e	10.0	8.9	8.2	7.4	8.4	10.6	13.4	13.9	12.4	10.9	10.8	10.5	10.3
	乐亭	T(℃)	−5.8	−2.9	3.4	11.4	17.2	21.9	24.9	24.2	19.4	12.4	3.7	−2.9	10.6
		Φ(%)	57	57	59	58	63	72	82	83	74	68	65	60	67
		M_e	11.1	11.1	11.3	10.9	11.8	13.7	16.1	16.4	14.3	13.1	12.6	11.7	12.9
	沧州	T(℃)	−3	−0.4	6.1	14.5	20.5	25.1	26.5	25.6	20.9	14.2	5.7	−1	12.9
		Φ(%)	57	54	52	50	54	61	77	77	68	64	62	60	61
		M_e	11.1	10.4	9.8	9.2	9.8	11.1	14.7	14.8	12.8	12.1	11.9	11.7	11.5
河南	安阳	T(℃)	−0.9	2.2	8	15.7	21.1	25.9	26.9	25.7	21.1	15	7.1	1.1	14.1
		Φ(%)	60	57	57	56	60	60	77	80	73	69	67	63	65
		M_e	11.6	10.9	10.8	10.3	11.0	10.9	14.7	15.5	14.0	13.2	13.0	12.3	12.3

续表

省市	统计	一	二	三	四	五	六	七	八	九	十	十一	十二	年
河南	卢氏 T(℃)	−0.9	1.7	6.8	13.9	18.4	22.7	25	23.9	18.6	12.8	6.4	0.7	12.5
	Φ(%)	64	64	66	64	69	70	77	80	81	78	72	66	71
	Me	12.5	12.5	12.8	12.1	13.1	13.2	14.8	15.6	16.1	15.5	14.2	13.0	13.8
	郑州 T(℃)	0.1	2.7	8	15.5	21	25.7	27	25.6	21	15.1	8	2.2	14.3
	Φ(%)	60	60	62	61	62	62	78	81	75	70	66	61	67
	Me	11.6	11.5	11.8	11.4	11.4	11.3	15.0	15.8	14.4	13.4	12.7	11.8	12.8
	驻马店 T(℃)	1.3	3.6	8.4	15.4	20.6	25.4	27.2	26	21.5	16	9.3	3.5	14.8
	Φ(%)	69	68	71	71	71	70	80	83	77	73	71	67	73
	Me	13.6	13.3	13.9	13.7	13.5	13.1	15.5	16.3	14.9	14.1	13.9	13.1	14.2
	信阳 T(℃)	2.2	4.3	9	16.1	20.9	24.8	27.4	26.4	21.6	16.2	10	4.6	15.3
	Φ(%)	72	72	73	71	73	76	80	82	79	77	73	69	75
	Me	14.3	14.3	14.4	13.6	14.0	14.6	15.5	16.0	15.4	15.1	14.3	13.5	14.6
黑龙江	呼玛 T(℃)	−26.2	−20.1	−9.8	2.7	11.4	18	20.5	17.8	10.7	0.4	−13.7	−24	−1
	Φ(%)	71	67	60	54	52	67	76	78	72	60	68	73	67
	Me	15.0	13.8	11.9	10.3	9.7	12.6	14.7	15.3	14.1	11.6	13.9	15.5	13.2
	嫩江 T(℃)	−24.1	−18.8	−8	3.9	12.4	18.5	20.9	18.5	11.6	2	−11.1	−21.2	0.4
	Φ(%)	72	69	59	51	48	66	78	79	71	60	67	73	66
	Me	15.2	14.3	11.6	9.7	8.9	12.4	15.2	15.5	13.8	11.6	13.6	15.4	13.0
	孙吴 T(℃)	−24.5	−19.7	−9.5	3	11	17.1	19.9	17.6	10.6	1.1	−11.9	−21.8	−0.6
	Φ(%)	74	70	64	57	57	73	81	83	75	64	70	75	70
	Me	15.8	14.6	12.8	10.9	10.7	14.1	16.0	16.6	14.8	12.5	14.3	15.9	13.9
	克山 T(℃)	−22	−16.8	−6.3	5	13.3	19.3	21.9	19.7	12.9	3.3	−9	−18.9	1.9
	Φ(%)	72	68	57	50	48	64	75	76	68	60	66	73	65
	Me	15.2	14.0	11.2	9.4	8.9	11.9	14.4	14.7	13.0	11.5	13.3	15.3	12.7
	齐齐哈尔 T(℃)	−18.6	−13.4	−3.9	6.5	14.7	20.6	23.1	21.2	14.3	5	−6.6	−15.7	3.9
	Φ(%)	67	58	47	45	46	62	73	73	66	57	60	67	60
	Me	13.8	11.6	9.1	8.5	8.5	11.5	13.9	13.9	12.5	10.8	11.8	13.7	11.5
	拜泉 T(℃)	−21.7	−16.5	−6	5.1	13.1	19.1	21.8	19.7	13	3.7	−8.4	−18.6	2
	Φ(%)	75	70	59	53	53	67	77	78	71	63	68	75	68
	Me	15.9	14.5	11.6	10.0	9.8	12.6	14.9	15.2	13.7	12.2	13.7	15.8	13.4
	富锦 T(℃)	−19.4	−14.8	−5.3	5.5	13.4	19.1	22.4	20.7	14.4	5.2	−6.6	−16.5	3.2
	Φ(%)	70	65	60	58	59	70	76	78	72	63	63	70	67
	Me	14.6	13.2	11.8	11.0	11.0	13.3	14.6	15.2	13.9	12.1	12.5	14.5	13.1
	安达 T(℃)	−19.2	−14.2	−4.2	6.5	14.6	20.4	23	21.1	14.4	5.1	−6.5	−16	3.7
	Φ(%)	69	63	50	46	47	62	74	75	68	59	63	69	62
	Me	14.3	12.7	9.7	8.7	8.7	11.5	14.1	14.4	13.0	11.3	12.5	14.2	12.0

省市		统计	一	二	三	四	五	六	七	八	九	十	十一	十二	年
黑龙江	哈尔滨	$T(℃)$	-18.3	-13.6	-3.4	7.1	14.7	20.4	23	21.1	14.5	5.6	-5.3	-14.8	4.2
		$Φ(\%)$	72	68	56	49	51	65	77	78	70	63	65	71	65
		M_e	15.0	13.9	10.9	9.2	9.4	12.1	14.9	15.2	13.5	12.1	12.9	14.7	12.6
	通河	$T(℃)$	-20.9	-16	-5.3	5.5	12.9	18.9	22.1	20.2	13.4	4.4	-7.1	-17.3	2.6
		$Φ(\%)$	75	74	66	62	63	74	81	84	78	71	72	76	73
		M_e	15.9	15.5	13.1	11.9	11.9	14.3	15.9	16.8	15.5	14.0	14.7	16.0	14.6
	尚志	$T(℃)$	-19.7	-15.3	-4.8	5.7	13	18.8	22	20.2	13.1	4.4	-6.2	-15.9	2.9
		$Φ(\%)$	74	72	65	60	62	74	81	84	78	70	71	74	72
		M_e	15.6	14.9	12.9	11.5	11.7	14.3	15.9	16.8	15.5	13.8	14.4	15.5	14.3
	鸡西	$T(℃)$	-16.4	-12.1	-3.5	6.4	13.6	18.7	21.9	20.6	14.2	5.8	-4.8	-13.6	4.2
		$Φ(\%)$	64	60	53	51	55	70	76	78	71	60	61	65	64
		M_e	13.0	12.0	10.3	9.6	10.2	13.3	14.7	15.2	13.7	11.5	12.0	13.2	12.4
	牡丹江	$T(℃)$	-17.3	-12.5	-3.1	6.9	13.9	19	22.3	21	14.2	5.7	-4.8	-14	4.3
		$Φ(\%)$	69	64	55	52	56	69	75	77	73	65	65	70	66
		M_e	14.2	12.9	10.6	9.8	10.4	13.1	14.4	14.9	14.2	12.6	12.9	14.4	12.8
	绥芬河	$T(℃)$	-16.6	-12.8	-4.8	4.8	11.5	15.8	19.6	18.8	12.3	4.5	-5.5	-13.5	2.8
		$Φ(\%)$	66	63	57	53	58	77	81	82	75	61	62	66	67
		M_e	13.5	12.7	11.1	10.0	10.9	15.1	16.0	16.3	14.7	11.7	12.2	13.4	13.1
湖北	老河口	$T(℃)$	2.6	4.7	9.2	16	21	25.2	27.3	26.6	22	16.6	10.3	4.7	15.5
		$Φ(\%)$	73	72	74	75	74	74	82	81	79	78	76	73	76
		M_e	14.6	14.3	14.6	14.6	14.2	14.1	16.0	15.8	15.4	15.4	15.1	14.5	14.9
	鄂西	$T(℃)$	5	6.6	10.6	16.4	20.6	23.8	26.5	26.6	22.3	16.9	11.8	6.8	16.2
		$Φ(\%)$	84	80	80	79	79	80	81	76	79	84	85	85	81
		M_e	17.4	16.2	16.1	15.6	15.5	15.6	15.8	14.5	15.4	16.9	17.4	17.6	16.1
	宜昌	$T(℃)$	4.8	6.7	10.7	17.1	21.7	25.2	27.7	27.4	23.1	18	12.4	7.2	16.8
		$Φ(\%)$	74	72	74	74	74	77	80	78	76	75	74	72	75
		M_e	14.8	14.2	14.6	14.3	14.2	14.8	15.5	15.0	14.6	14.5	14.5	14.2	14.6
	武汉	$T(℃)$	3.7	5.8	10.1	16.8	21.9	25.6	28.7	28.2	23.4	17.7	11.4	6	16.6
		$Φ(\%)$	77	76	78	78	77	80	79	79	78	78	76	74	77
		M_e	15.6	15.2	15.6	15.3	14.9	15.5	15.2	15.2	15.1	15.3	15.0	14.7	15.1
湖南	常德	$T(℃)$	4.7	6.4	10.4	16.9	21.8	25.3	28.6	28	23.2	17.9	12.3	7.2	16.9
		$Φ(\%)$	80	80	82	81	80	82	79	80	80	80	78	77	80
		M_e	16.3	16.2	16.6	16.1	15.7	16.1	15.2	15.5	15.6	15.8	15.5	15.4	15.9
	长沙	$T(℃)$	4.9	7.1	10.3	17	22	25.4	28.6	28.1	23.6	18.1	12.4	7.7	17.1
		$Φ(\%)$	84	82	84	82	82	84	78	80	82	82	80	79	82
		M_e	17.4	16.8	17.2	16.4	16.2	16.6	14.9	15.4	16.1	16.3	16.0	15.9	16.4

省市		统计	一	二	三	四	五	六	七	八	九	十	十一	十二	年
湖南	芷江	$T(℃)$	4.9	6.5	10.5	16.6	21.1	24.5	27.1	26.9	22.9	17.5	12.2	7.3	16.5
		$Φ(\%)$	80	79	81	81	82	84	80	79	78	80	79	77	80
		M_e	16.3	16.0	16.4	16.1	16.2	16.6	15.5	15.2	15.1	15.8	15.8	15.4	15.9
	零陵	$T(℃)$	6	7.5	11.4	17.7	22.4	26.1	28.8	28	24.2	19	13.6	8.6	17.8
		$Φ(\%)$	81	82	83	82	80	79	72	76	77	76	74	73	78
		M_e	16.5	16.7	16.9	16.4	15.7	15.3	13.5	14.4	14.8	14.8	14.5	14.4	15.3
吉林	前郭尔罗斯	$T(℃)$	−16.2	−11.5	−2.4	7.8	15.4	21.1	23.8	22.1	15.5	6.6	−4.2	−13.1	5.4
		$Φ(\%)$	65	60	50	48	51	64	75	75	68	61	62	67	62
		M_e	13.2	12.0	9.6	9.0	9.4	11.9	14.3	14.4	13.0	11.7	12.2	13.6	11.9
	四平	$T(℃)$	−13.5	−9.3	−0.7	9	16	21.1	23.7	22.2	16	7.7	−2	−10	6.7
		$Φ(\%)$	66	62	54	50	53	67	78	79	72	65	64	65	65
		M_e	13.4	12.3	10.4	9.3	9.7	12.5	15.1	15.4	13.9	12.5	12.6	13.1	12.5
	长春	$T(℃)$	−15.1	−10.7	−2	7.8	15.2	20.6	23.1	21.6	15.4	7	−3.4	−11.7	5.6
		$Φ(\%)$	66	61	53	49	51	65	78	79	69	61	63	66	63
		M_e	13.4	12.2	10.2	9.2	9.4	12.1	15.1	15.4	13.2	11.6	12.4	13.3	12.1
	延吉	$T(℃)$	−13.6	−9.5	−1.6	7.2	13.8	17.8	21.5	21.4	14.7	6.6	−2.7	−10.8	5.4
		$Φ(\%)$	58	55	53	54	60	75	79	80	77	66	62	61	65
		M_e	11.6	10.8	10.2	10.2	11.2	14.6	15.4	15.7	15.2	12.8	12.1	12.2	12.6
	临江	$T(℃)$	−15.6	−10.4	−1.3	7.7	13.9	18.8	22.4	21.3	14.4	6.7	−2.5	−11.9	5.3
		$Φ(\%)$	71	65	59	56	62	73	79	81	78	67	69	72	69
		M_e	14.7	13.1	11.4	10.6	11.7	14.0	15.4	16.0	15.4	13.0	13.8	14.8	13.5
江苏	徐州	$T(℃)$	0.4	2.7	8	15.1	20.6	25	27.1	26.3	21.7	15.7	8.5	2.6	14.5
		$Φ(\%)$	66	64	62	62	64	67	80	81	74	70	68	66	69
		M_e	13.0	12.4	11.8	11.6	11.9	12.4	15.5	15.8	14.2	13.4	13.2	12.9	13.2
	赣榆	$T(℃)$	−0.2	1.6	6.4	13.1	18.6	23.1	26.3	26	21.5	15.6	8.4	2	13.5
		$Φ(\%)$	67	67	68	67	71	77	85	83	77	72	69	67	72
		M_e	13.2	13.2	13.2	12.8	13.6	14.9	16.8	16.3	14.9	13.9	13.4	13.1	14.0
	南京	$T(℃)$	2.4	4.2	8.7	15.2	20.5	24.4	27.8	27.4	22.8	17.1	10.4	4.5	15.4
		$Φ(\%)$	76	74	74	73	74	78	81	81	79	77	76	74	76
		M_e	15.3	14.8	14.6	14.2	14.2	15.1	15.7	15.7	15.4	15.1	15.1	14.8	14.9
	东台	$T(℃)$	1.9	3.2	7.4	13.6	19.1	23.3	26.9	26.6	22.2	16.7	10.4	4.3	14.6
		$Φ(\%)$	76	76	77	77	77	81	85	85	82	78	76	74	79
		M_e	15.4	15.3	15.4	15.2	15.0	15.9	16.8	16.8	16.2	15.3	15.1	14.8	15.7
江西	吉安	$T(℃)$	6.4	8.1	12.1	18.3	23	26.5	29.4	28.8	25.1	20	14	8.7	18.4
		$Φ(\%)$	80	82	84	83	81	81	74	76	77	76	75	74	79
		M_e	16.2	16.7	17.1	16.6	15.9	15.8	13.9	14.4	14.8	14.7	14.7	14.6	15.5

省市		统计	一	二	三	四	五	六	七	八	九	十	十一	十二	年
江西	赣州	$T(℃)$	8.1	9.8	13.6	19.6	23.8	27.1	29.3	28.8	25.8	21.2	15.4	10.3	19.4
		$Φ(\%)$	76	79	81	80	80	78	71	74	75	73	72	71	76
		M_e	15.1	15.9	16.2	15.8	15.6	15.0	13.2	13.9	14.3	13.9	13.9	13.8	14.7
	景德镇	$T(℃)$	5.3	7.1	11.1	17.1	21.9	25.3	28.7	28.3	24.2	19	12.7	7.4	17.4
		$Φ(\%)$	78	78	81	80	79	81	78	77	77	75	75	73	78
		M_e	15.8	15.7	16.3	15.9	15.4	15.8	14.9	14.7	14.8	14.5	14.7	14.4	15.3
	南昌	$T(℃)$	5.3	6.9	10.9	17.3	22.3	25.7	29.2	28.8	24.6	19.4	13.3	7.8	17.6
		$Φ(\%)$	77	78	81	81	80	83	77	77	77	73	72	70	77
		M_e	15.5	15.7	16.3	16.1	15.7	16.3	14.7	14.7	14.8	14.0	14.0	13.7	15.1
	南城	$T(℃)$	5.8	7.6	11.7	17.9	22.4	25.8	28.8	28.2	24.3	19.2	13.3	7.9	17.7
		$Φ(\%)$	83	83	85	83	82	83	76	79	82	81	80	79	81
		M_e	17.1	17.0	17.4	16.6	16.2	16.3	14.4	15.2	16.1	16.0	16.0	15.9	16.1
辽宁	彰武	$T(℃)$	−11.7	−7.7	0.1	9.2	16.4	21.4	24	22.8	16.8	8.7	−1	−8.8	7.5
		$Φ(\%)$	54	48	47	50	52	66	79	79	69	61	58	57	60
		M_e	10.7	9.4	9.0	9.3	9.5	12.3	15.3	15.4	13.1	11.6	11.2	11.2	11.4
	朝阳	$T(℃)$	−9.7	−5.9	1.9	11.6	18.3	22.6	24.8	23.2	17.6	10	0.6	−6.8	9
		$Φ(\%)$	43	38	37	38	44	59	73	74	64	53	48	46	51
		M_e	8.5	7.6	7.2	7.2	8.1	10.8	13.8	14.1	12.0	9.9	9.2	9.0	9.5
	锦州	$T(℃)$	−7.9	−4.6	2.1	10.5	17.1	21.6	24.3	23.7	18.8	11.2	2	−5.1	9.5
		$Φ(\%)$	52	49	48	49	53	67	79	77	65	57	55	53	58
		M_e	10.2	9.5	9.1	9.1	9.7	12.5	15.3	14.8	12.2	10.7	10.5	10.3	10.9
	沈阳	$T(℃)$	−11	−6.9	1.2	10.2	17	22	24.6	23.6	17.4	9.5	0.3	−7.5	8.4
		$Φ(\%)$	60	55	53	52	55	67	78	78	71	65	63	61	63
		M_e	11.9	10.7	10.1	9.7	10.1	12.5	15.1	15.1	13.6	12.5	12.3	12.1	12.0
	营口	$T(℃)$	−8.5	−5.1	1.9	10.5	16.9	21.8	25	24.2	18.8	11.1	2.1	−5.1	9.5
		$Φ(\%)$	62	58	58	58	61	70	78	79	72	67	65	64	66
		M_e	12.3	11.3	11.1	10.9	11.4	13.2	15.1	15.3	13.8	12.9	12.7	12.7	12.7
	草河口	$T(℃)$	−11.9	−8.4	−0.7	7.3	13.7	18.6	22	21.5	14.9	7.7	−1	−8.9	6.2
		$Φ(\%)$	64	62	62	63	68	80	86	84	81	73	68	66	71
		M_e	12.9	12.3	12.1	12.1	13.0	15.8	17.3	16.7	16.2	14.4	13.5	13.3	14.0
	丹东	$T(℃)$	−7.4	−4.3	1.8	8.9	14.8	19.6	23	23.4	18	11	2.7	−4.5	8.9
		$Φ(\%)$	55	53	60	66	72	82	89	86	78	68	63	58	69
		M_e	10.8	10.3	11.6	12.7	13.9	16.3	18.1	17.2	15.3	13.1	12.2	11.3	13.4
	大连	$T(℃)$	−3.9	−2.1	3.2	10.2	15.9	20.3	23.4	24.1	20.3	13.8	6	−0.5	10.9
		$Φ(\%)$	56	56	55	56	61	73	84	81	69	62	60	58	64
		M_e	10.9	10.8	10.5	10.5	11.4	14.0	16.7	15.9	13.0	11.7	11.5	11.2	12.2

省市		统计	一	二	三	四	五	六	七	八	九	十	十一	十二	年
内蒙古	二连浩特	T(℃)	−18.1	−13.5	−4	6.4	14.7	20.6	23.3	21	13.9	4.6	−6.3	−15	4
		Φ(%)	69	61	43	29	30	38	47	51	46	45	57	68	49
		M_e	14.3	12.2	8.4	6.0	6.0	7.0	8.5	9.2	8.5	8.5	11.2	13.9	9.3
	化德	T(℃)	−15.3	−11.9	−4.7	4.4	11.8	16.7	18.9	17.1	11.3	3.7	−5.7	−12.7	2.8
		Φ(%)	67	61	49	37	39	50	65	67	57	52	59	65	56
		M_e	13.7	12.2	9.5	7.2	7.4	9.2	12.2	12.7	10.7	9.9	11.6	13.1	10.7
	呼和浩特	T(℃)	−11.6	−7.2	0.3	9	16.1	20.7	22.6	20.6	14.6	7	−2.1	−9.4	6.7
		Φ(%)	57	52	46	37	39	47	61	66	62	59	59	59	54
		M_e	11.3	10.1	8.8	7.1	7.3	8.5	11.2	12.3	11.6	11.2	11.5	11.7	10.2
	通辽	T(℃)	−13.5	−9.3	−1	8.9	16.4	21.4	24.1	22.4	16.1	7.5	−2.8	−10.8	6.6
		Φ(%)	53	47	43	41	46	61	73	73	63	54	53	55	55
		M_e	10.5	9.2	8.3	7.7	8.4	11.2	13.8	13.9	11.8	10.2	10.9		10.4
	多伦	T(℃)	−17.1	−13.3	−5	4.6	11.8	16.4	19	17.1	11.1	3.5	−6	−13.8	2.4
		Φ(%)	68	64	53	43	46	59	72	74	66	57	62	67	61
		M_e	14.0	12.9	10.3	8.2	8.5	10.9	13.8	14.3	12.6	10.9	12.2	13.6	11.8
	赤峰	T(℃)	−10.7	−7.3	−0.1	9.5	16.6	21.2	23.6	21.8	16	8.3	−1.1	−7.9	7.5
		Φ(%)	43	40	38	36	40	54	65	67	58	49	47	44	48
		M_e	8.5	7.9	7.4	6.9	7.4	9.8	12.0	12.5	10.7	9.2	9.0	8.6	9.0
宁夏	银川	T(℃)	−7.9	−3.8	3.2	11.2	17.3	21.5	23.4	21.6	16.2	9.2	1.4	−5.5	9
		Φ(%)	55	49	49	42	46	55	63	69	66	62	64	61	57
		M_e	10.8	9.5	9.3	7.9	8.4	10.0	11.6	13.0	12.5	11.8	12.5	12.0	10.7
	盐池	T(℃)	−8	−4.4	2.3	10.2	16.3	20.8	22.8	20.9	15.6	8.5	0.6	−5.9	8.3
		Φ(%)	48	46	43	37	40	46	55	62	60	55	51	49	49
		M_e	9.4	8.9	8.2	7.1	7.4	8.3	10.0	11.4	11.2	10.3	9.7	9.5	9.2
	大柴旦	T(℃)	−13.4	−9	−3.2	2.9	9	13	15.5	14.6	9.2	1.5	−6.2	−11.4	1.9
		Φ(%)	44	35	30	27	30	37	39	37	34	30	35	40	35
		M_e	8.8	7.1	6.3	5.8	6.1	7.0	7.3	7.0	6.6	6.2	7.1	8.0	6.9
	格尔木	T(℃)	−9.1	−5	0.7	6.8	12.2	15.8	17.9	17.2	12.3	5.1	−2.6	−7.9	5.3
		Φ(%)	39	30	27	24	26	33	37	34	32	29	32	38	32
		M_e	7.8	6.3	5.8	5.3	5.5	6.4	6.9	6.5	6.3	6.0	6.5	7.6	6.4
	西宁	T(℃)	−7.4	−3.9	1.8	8	12.4	15.3	17.2	16.6	12.2	6.5	−0.2	−5.7	6.1
		Φ(%)	45	44	47	47	53	60	65	66	68	63	54	49	55
		M_e	8.8	8.5	9.0	8.8	9.8	11.2	12.2	12.5	13.1	12.1	10.4	9.5	10.4
	同德	T(℃)	−13.1	−8.7	−3	2.4	6.8	9.7	11.5	11	6.8	0.9	−7.1	−11.9	0.4
		Φ(%)	43	40	40	47	59	68	73	72	71	62	51	42	56
		M_e	8.6	7.9	7.8	8.9	11.2	13.1	14.3	14.0	13.9	12.0	9.9	8.4	10.8

省市	统计	一	二	三	四	五	六	七	八	九	十	十一	十二	年
宁夏	玉树 $T(℃)$	-7.6	-4.5	0.1	3.9	7.9	11.1	12.7	12	8.8	3.8	-2.7	-7	3.2
	$Φ(\%)$	44	41	41	48	57	65	68	68	71	64	50	45	55
	M_e	8.6	8.0	7.9	9.1	10.8	12.4	13.0	13.1	13.9	12.4	9.6	8.8	10.5
	玛多 $T(℃)$	-16.8	-13.4	-8.2	-3	1.7	5.2	7.5	7.2	3.3	-2.9	-11	-15.7	-3.8
	$Φ(\%)$	57	55	52	50	57	64	68	65	65	61	56	55	59
	M_e	11.4	10.9	10.2	9.6	10.9	12.4	13.2	12.5	12.6	11.9	11.1	11.0	11.5
山东	惠民县 $T(℃)$	-3.3	-0.6	5.8	13.9	19.7	24.7	26.5	25.2	20.2	13.8	5.6	-0.9	12.5
	$Φ(\%)$	62	58	57	56	61	63	79	82	75	70	67	65	66
	M_e	12.2	11.2	10.8	10.4	11.3	11.6	15.3	16.1	14.5	13.5	13.0	12.8	12.6
	成山头 $T(℃)$	-0.4	0	3.4	8.4	13.4	18	21.5	23.5	21.3	16	9.1	2.7	11.4
	$Φ(\%)$	63	65	70	73	77	87	94	89	73	64	64	63	73
	M_e	12.3	12.7	13.8	14.4	15.2	17.7	19.6	18.0	13.9	12.0	12.2	12.2	14.3
	济南 $T(℃)$	-0.4	2.2	8.2	16.1	21.8	26.3	27.5	26.3	22	16.1	8.3	1.8	14.7
	$Φ(\%)$	53	50	47	46	50	55	72	75	64	58	56	55	57
	M_e	10.2	9.5	8.8	8.4	9.0	9.9	13.5	14.3	11.8	10.7	10.5	10.5	10.6
	潍坊 $T(℃)$	-2.9	-0.5	5.5	13.1	18.9	23.7	26.1	25.2	20.5	14.2	6.3	-0.3	12.5
	$Φ(\%)$	63	60	58	58	62	66	80	81	73	69	67	64	67
	M_e	12.4	11.6	11.0	10.8	11.5	12.2	15.5	15.8	14.0	13.2	13.0	12.5	12.8
	荷泽 $T(℃)$	-0.9	1.7	7.3	14.9	20.3	25.3	26.8	25.6	20.8	14.7	7.3	1	13.7
	$Φ(\%)$	68	64	63	63	66	65	80	82	77	72	70	69	70
	M_e	13.5	12.5	12.1	11.8	12.3	12.0	15.5	16.1	14.9	13.9	13.7	13.7	13.5
	兖州 $T(℃)$	-1.2	1.4	7.3	14.6	20	25.2	26.8	25.7	20.9	14.6	7	0.7	13.6
	$Φ(\%)$	65	61	60	61	65	64	80	82	76	72	70	68	69
	M_e	12.8	11.8	11.4	11.4	12.1	11.8	15.5	16.1	14.7	13.9	13.7	13.4	13.2
山西	大同 $T(℃)$	-10.6	-6.8	0.3	8.9	16	20.4	22	20.2	14.7	7.7	-1.1	-8.2	7
	$Φ(\%)$	50	46	43	38	39	49	64	68	61	53	52	51	51
	M_e	9.8	9.0	8.3	7.3	7.3	8.9	11.8	12.8	11.4	10.0	10.0	10.0	9.6
	原平 $T(℃)$	-7.7	-3.7	2.9	11.4	18	21.8	23.3	21.5	16	9.4	1	-5.6	9
	$Φ(\%)$	47	45	48	42	43	54	69	73	68	59	56	51	55
	M_e	9.2	8.7	9.1	7.9	7.9	9.8	12.9	13.9	12.9	11.1	10.7	9.9	10.3
	太原 $T(℃)$	-5.5	-2	4.2	12.2	18.1	21.8	23.4	21.9	16.5	10.1	2.5	-3.7	10
	$Φ(\%)$	50	47	50	47	50	60	73	77	73	67	62	56	59
	M_e	9.7	9.0	9.5	8.7	9.1	11.0	13.9	14.9	14.1	12.9	12.0	10.9	11.1
	介休 $T(℃)$	-4.4	-1.2	4.9	12.8	18.2	22.2	23.9	22.1	17	10.9	3.5	-2.3	10.6
	$Φ(\%)$	51	50	54	50	53	60	72	78	73	66	60	54	60
	M_e	9.9	9.6	10.2	9.3	9.7	11.0	13.6	15.2	14.1	12.6	11.5	10.4	11.3

续表

省市		统计	一	二	三	四	五	六	七	八	九	十	十一	十二	年
山西	运城	T(℃)	−0.9	2.6	8.3	15.4	20.9	25.7	27.4	26.3	20.9	14.5	6.8	0.5	14
		Φ(%)	57	54	57	57	57	56	67	68	69	67	66	60	61
		M_e	11.0	10.3	10.8	10.6	10.4	10.1	12.3	12.6	13.0	12.8	12.8	11.6	11.4
陕西	榆林	T(℃)	−9.4	−4.9	2.5	10.6	17	21.3	23.3	21.5	15.7	8.6	0.2	−7	8.3
		Φ(%)	55	52	48	41	43	51	62	67	67	63	61	58	56
		M_e	10.8	10.1	9.1	7.7	7.9	9.2	11.4	12.5	12.7	12.0	11.8	11.4	10.5
	延安	T(℃)	−5.5	−1.8	4.5	12.2	17.6	21.4	23.1	21.6	16.3	10	2.8	−3.5	9.9
		Φ(%)	53	52	54	48	51	58	70	74	74	68	63	57	60
		M_e	10.3	10.0	10.2	8.9	9.3	10.6	13.2	14.2	14.4	13.1	12.2	11.1	11.3
	西安	T(℃)	−0.1	2.9	8.1	14.7	19.8	24.8	26.6	25.3	19.9	13.9	6.9	1.3	13.7
		Φ(%)	66	63	66	68	68	62	71	75	79	77	74	69	70
		M_e	13.0	12.2	12.7	13.0	12.8	11.3	13.3	14.3	15.5	15.2	14.7	13.6	13.5
	汉中	T(℃)	2.4	4.9	9.2	15.2	19.6	23.3	25.2	25	20.1	14.8	8.7	3.6	14.3
		Φ(%)	79	74	74	75	75	76	81	80	84	84	84	82	79
		M_e	16.1	14.8	14.6	14.6	14.5	14.6	15.8	15.6	16.8	17.0	17.2	16.9	15.7
上海	上海	T(℃)	4.7	6	9.2	14.7	20.3	23.8	28	27.8	24.4	19.2	13.5	7.8	16.6
		Φ(%)	75	72	78	75	74	82	80	81	77	74	74	73	76
		M_e	15.0	14.2	15.6	14.7	14.2	16.1	15.5	15.7	14.8	14.3	14.5	14.4	14.8
四川	甘孜	T(℃)	−4.4	−1.2	2.7	6.3	10.4	12.9	13.9	13.3	11	6.6	0.4	−4.2	5.6
		Φ(%)	45	45	48	52	57	67	72	71	71	65	52	49	58
		M_e	8.7	8.7	9.1	9.8	10.7	12.8	14.0	13.7	13.8	12.5	10.0	9.5	11.0
	马尔康	T(℃)	−0.6	2.8	6.6	9.8	12.7	14.8	16.1	15.8	12.8	8.8	3.7	−0.6	8.6
		Φ(%)	43	43	49	55	64	73	76	74	79	74	57	48	61
		M_e	8.3	8.2	9.2	10.3	12.1	14.2	14.9	14.4	15.7	14.6	10.9	9.2	11.6
	松潘	T(℃)	−4	−1.3	2.7	6.5	9.8	12.6	14.4	14	10.9	6.6	1.2	−3.1	5.9
		Φ(%)	51	53	58	63	67	72	74	72	74	71	61	53	64
		M_e	9.9	10.2	11.1	12.1	12.9	14.0	14.4	13.9	14.5	14.0	11.8	10.2	12.3
	理塘	T(℃)	−5.7	−3.6	−0.2	3.2	7.7	10.4	10.6	10	8.3	4.5	−1.1	−5.3	3.2
		Φ(%)	40	43	47	53	55	67	75	76	74	63	50	44	57
		M_e	7.9	8.4	9.0	10.1	10.4	12.9	14.8	15.1	14.6	12.2	9.6	8.6	10.9
	成都	T(℃)	5.6	7.5	11.5	16.7	21	23.7	25.2	25	21.2	17	12.1	7.1	16.1
		Φ(%)	83	81	79	78	76	81	86	85	85	85	83	84	82
		M_e	17.1	16.5	15.8	15.3	14.7	15.9	17.1	16.9	17.0	17.2	16.8	17.3	16.4
	九龙	T(℃)	1.1	3.4	6.7	9.5	12.7	14.6	15.1	14.7	13	9.9	4.9	1.3	8.9
		Φ(%)	42	42	44	54	63	75	79	77	79	72	61	49	61
		M_e	8.1	8.0	8.3	10.1	11.9	14.7	15.7	15.2	15.7	14.1	11.7	9.3	11.6

续表

省市		统计	一	二	三	四	五	六	七	八	九	十	十一	十二	年
四川	宜宾	T(℃)	7.8	9.4	13.6	18.6	22.3	24.5	26.6	26.6	22.6	18.3	14	9.3	17.8
		Φ(%)	84	83	79	76	76	81	82	80	83	85	84	85	81
		M_e	17.3	16.9	15.7	14.8	14.6	15.8	16.0	15.5	16.4	17.1	17.0	17.5	16.1
	西昌	T(℃)	9.6	12	16	19	21	21.6	22.3	22.2	19.5	16.7	13.1	9.7	16.9
		Φ(%)	52	46	42	48	57	72	75	73	76	73	66	62	62
		M_e	9.7	8.5	7.8	8.7	10.4	13.7	14.4	13.9	14.7	14.1	12.6	11.8	11.6
	会理	T(℃)	7.1	9.4	13.1	16.5	19.8	21.1	20.8	20.3	18.3	15.7	11.2	7.4	15
		Φ(%)	65	58	54	57	61	74	82	81	83	79	76	72	70
		M_e	12.5	10.9	10.0	10.5	11.3	14.2	16.2	16.0	16.6	15.6	15.0	14.2	13.4
	万源	T(℃)	3.9	5.7	9.6	15.2	19.2	22.6	24.8	24.8	20	15.1	10	5.4	14.7
		Φ(%)	67	65	66	68	71	74	79	75	79	77	74	71	72
		M_e	13.1	12.6	12.7	13.0	13.5	14.1	15.3	14.3	15.5	15.2	14.6	14.0	13.9
	南充	T(℃)	6.4	8.5	12.5	17.7	21.9	24.7	27.2	27.5	22.6	17.7	12.9	8	17.3
		Φ(%)	85	81	76	76	75	79	79	76	82	84	84	86	80
		M_e	17.6	16.4	15.0	14.8	14.4	15.3	15.2	14.5	16.2	16.9	17.1	17.8	15.8
天津	天津	T(℃)	-3.5	-0.6	5.9	14.3	20	24.6	26.6	25.6	20.9	13.9	5.3	-1.1	12.6
		Φ(%)	56	54	53	51	55	64	76	77	68	64	62	59	62
		M_e	10.9	10.4	10.0	9.4	10.0	11.8	14.5	14.8	12.8	12.1	11.9	11.4	11.7
西藏	拉萨	T(℃)	-1.6	1.5	5.2	8.4	12.3	15.9	15.7	14.7	12.9	8.7	2.9	-1.2	8
		Φ(%)	28	*26	27	36	44	51	62	66	63	49	38	34	44
		M_e	6.0	5.6	5.7	7.0	8.2	9.4	11.6	12.5	11.9	9.2	7.4	6.8	8.3
新疆	克拉玛依	T(℃)	-15.4	-11.7	0.1	13	20.2	25.9	27.9	26	19.6	9.9	-1.3	-11	8.6
		Φ(%)	78	75	56	33	29	28	30	30	32	44	62	77	48
		M_e	16.5	15.6	10.8	6.4	5.7	5.5	5.8	5.8	6.2	8.2	12.1	16.1	9.0
	伊宁	T(℃)	-8.8	-6.2	2.8	12.7	17.2	20.9	23.1	22	17.1	9.5	2.1	-4.6	9
		Φ(%)	78	78	70	55	58	59	56	54	57	66	74	78	65
		M_e	16.3	16.2	13.8	10.2	10.7	10.8	10.1	9.8	10.5	12.7	14.8	16.1	12.5
	乌鲁木齐	T(℃)	-12.6	-9.7	-1.7	9.9	16.7	21.5	23.7	22.4	16.7	7.7	-2.5	-9.3	6.9
		Φ(%)	78	77	71	48	43	43	43	41	44	58	74	78	58
		M_e	16.4	16.0	14.2	9.0	7.9	7.8	7.8	7.5	8.1	11.0	15.0	16.3	11.0
	吐鲁番	T(℃)	-7.6	-0.5	9.5	19.3	25.9	30.5	32.2	30	23.2	13.2	2.7	-5.8	14.4
		Φ(%)	60	45	31	26	28	30	33	37	42	51	54	60	41
		M_e	11.8	8.6	6.2	5.4	5.5	5.7	6.1	6.7	7.6	9.4	10.3	11.8	7.6
	喀什	T(℃)	-5.3	-0.8	7.5	15.5	19.8	23.5	25.6	24.2	19.4	12.1	3.9	-3.4	11.8
		Φ(%)	67	57	48	40	41	40	43	49	52	56	61	70	52
		M_e	13.4	11.0	9.0	7.4	7.5	7.3	7.7	8.8	9.5	10.4	11.7	14.0	9.7

省市		统计	一	二	三	四	五	六	七	八	九	十	十一	十二	年
新 疆	巴 楚	$T(℃)$	−6.2	−0.7	7.9	16.4	21.2	24.5	26.2	25	20.1	12.2	3	−4.7	12.1
		$Φ(\%)$	61	50	41	33	36	39	43	47	49	51	56	65	47
		M_e	12.0	9.6	7.8	6.4	6.7	7.1	7.7	8.4	8.9	9.5	10.7	12.9	8.7
	和 田	$T(℃)$	−4.4	0.4	8.6	16.6	20.9	24	25.6	24.4	20	12.5	4.4	−2.7	12.5
		$Φ(\%)$	54	46	35	29	35	38	43	45	44	42	45	55	42
		M_e	10.5	8.8	6.8	5.8	6.6	7.0	7.7	8.1	8.0	7.8	8.5	10.6	7.8
云 南	德 钦	$T(℃)$	−2.1	−1.2	1.2	4.3	9	12.4	12.7	12.4	10.6	6.9	2.4	−0.8	5.7
		$Φ(\%)$	57	64	72	73	70	77	83	83	82	73	62	53	71
		M_e	11.0	12.6	14.4	14.5	13.6	15.2	16.8	16.8	16.6	14.4	12.0	10.2	14.0
	丽 江	$T(℃)$	6	7.7	10.3	13.2	16.6	18.4	18	17.3	15.8	13.3	9.4	6.3	12.7
		$Φ(\%)$	46	45	49	54	59	73	81	82	83	73	62	53	63
		M_e	8.7	8.5	9.1	10.0	10.9	14.0	16.1	16.4	16.7	14.2	11.8	10.0	11.9
	腾 冲	$T(℃)$	8.1	9.7	12.9	15.8	18.2	19.6	19.5	19.9	19	16.7	12.5	9	15.1
		$Φ(\%)$	69	67	64	70	78	87	90	88	87	83	78	74	78
		M_e	13.4	12.9	12.1	13.4	15.3	17.6	18.5	17.9	17.7	16.7	15.5	14.6	15.4
	楚 雄	$T(℃)$	8.7	11	14.7	18	20.4	21.3	20.9	20.4	18.9	16.4	12.3	8.7	16
		$Φ(\%)$	66	59	53	53	61	73	79	81	81	79	77	74	70
		M_e	12.7	11.1	9.8	9.7	11.3	13.9	15.5	16.0	16.0	15.6	15.3	14.6	13.4
	昆 明	$T(℃)$	8.1	9.9	13.2	16.6	19	19.9	19.8	19.4	17.8	15.4	11.6	8.2	14.9
		$Φ(\%)$	68	63	58	59	68	78	83	82	81	79	77	73	72
		M_e	13.2	12.0	10.8	10.9	12.8	15.2	16.6	16.3	16.1	15.7	15.3	14.4	13.9
	临 沧	$T(℃)$	11.2	13.3	16.6	19	21	21.6	21.4	21.3	20.4	18.4	14.7	11.4	17.5
		$Φ(\%)$	64	59	54	58	68	81	84	83	82	79	76	71	72
		M_e	12.2	11.0	9.9	10.7	12.8	15.9	16.8	16.5	16.3	15.5	14.9	13.8	13.8
	澜 沧	$T(℃)$	13	15	18.2	21	22.9	23.4	22.9	23	22.2	20.4	17	13.5	19.4
		$Φ(\%)$	75	68	63	65	74	83	86	86	84	84	83	81	78
		M_e	14.7	13.0	11.7	12.1	14.1	16.4	17.2	17.2	16.7	16.8	16.7	16.2	15.3
	思 茅	$T(℃)$	12.5	14.2	17.4	20	21.6	22.2	21.8	21.7	20.9	19.1	15.8	12.6	18.3
		$Φ(\%)$	78	71	64	67	76	84	87	86	85	84	84	82	79
		M_e	15.5	13.7	12.0	12.6	14.7	16.7	17.6	17.3	17.0	16.8	17.0	16.5	15.5
	蒙 自	$T(℃)$	12.4	14.3	18	21	22.4	23.1	22.7	22.2	21	18.6	15.3	12.3	18.6
		$Φ(\%)$	70	65	60	62	68	74	79	81	78	76	75	72	72
		M_e	13.5	12.3	11.1	11.4	12.7	14.1	15.4	15.9	15.2	14.8	14.6	14.0	13.8
浙 江	杭 州	$T(℃)$	4.3	5.6	9.5	15.8	20.7	24.3	28.4	27.9	23.4	18.3	12.4	6.8	16.5
		$Φ(\%)$	75	75	78	76	76	81	78	79	81	77	74	72	77
		M_e	15.0	15.0	15.6	14.9	14.7	15.8	14.9	15.2	15.9	15.0	14.5	14.2	15.1

省市		统计	一	二	三	四	五	六	七	八	九	十	十一	十二	年
浙江	定海	$T(℃)$	5.8	6.2	9.3	14.3	18.9	22.9	26.9	27.1	23.8	19.3	14.1	8.5	16.4
		$\Phi(\%)$	74	75	79	80	82	88	86	84	81	77	74	72	79
		M_e	14.7	15.0	15.9	16.0	16.3	17.8	17.1	16.5	15.9	15.0	14.4	14.1	15.6
	衢州	$T(℃)$	5.4	6.9	10.8	17	21.8	25.1	28.7	28.4	24.1	18.9	13.1	7.4	17.3
		$\Phi(\%)$	80	80	82	80	78	82	77	76	79	78	77	76	79
		M_e	16.3	16.2	16.6	15.9	15.2	16.1	14.7	14.4	15.3	15.3	15.2	15.2	15.6
	温州	$T(℃)$	8	8.5	11.4	16.3	20.8	24.6	28	28	24.9	20.4	15.5	10.4	18.1
		$\Phi(\%)$	76	78	82	83	84	87	84	82	81	77	74	72	80
		M_e	15.1	15.6	16.6	16.7	16.8	17.4	16.5	16.0	15.8	15.0	14.4	14.1	15.8
重庆	沙坪坝	$T(℃)$	7.8	9.5	13.6	18.4	22.3	25.1	28.1	28.4	23.6	18.6	14	9.3	18.2
		$\Phi(\%)$	83	80	76	77	78	80	76	73	80	84	84	85	80
		M_e	17.0	16.1	15.0	15.0	15.1	15.6	14.4	13.7	15.6	16.9	17.0	17.5	15.8
	西阳	$T(℃)$	3.9	5.3	9.1	14.9	19.1	22.5	25.1	24.8	20.7	15.7	10.8	6.2	14.8
		$\Phi(\%)$	77	77	79	79	80	82	82	80	80	82	79	76	80
		M_e	15.6	15.5	15.9	15.7	15.8	16.2	16.1	15.6	15.7	16.4	15.8	15.2	15.9

C2 全国部分城市的供暖度日数（基准温度18℃）

采暖度日数是一年中当某天室外日平均温度低于18℃时，将该日平均温度与18℃的差值度数乘以1天，所得出的乘积的累加值。其单位为℃·d。

地　名	供暖期的起止日期	供暖期总天数（d/a）	供暖期室外的平均温度（℃）	供暖度日数（℃·d）	地　名	供暖期的起止日期	供暖期总天数（d/a）	供暖期室外的平均温度（℃）	供暖度日数（℃·d）
黑龙江省					平　凉	11.4～3.21	138	-1.6	2705
哈尔滨	10.18～4.12	177	-9.9	4938	天　水	11.13～3.9	117	-0.2	2129
齐齐哈尔	10.15～4.14	182	-10.2	5132	**宁夏回族自治区**				
牡丹江	10.17～4.12	178	-9.4	4877	石嘴山	10.28～3.27	151	-4.0	3322
佳木斯	10.16～4.14	181	-10.3	5122	银　川	10.30～3.24	146	-3.7	3168
伊　春	10.8～4.19	194	-12.5	5917	固　原	10.23～4.1	161	-3.3	3429
鸡　西	10.17～4.14	180	-8.8	4824	**陕西省**				
鹤　岗	10.14～4.16	185	-9.5	5088	榆　林	10.29～3.26	149	-4.4	3338
双鸭山	10.17～4.13	179	-9.7	4958	延　安	11.7～3.17	131	-2.4	2672
吉林省					西　安	11.21～3.2	102	1.1	1724
长　春	10.21～4.9	171	-8.3	4497	宝　鸡	11.21～3.3	103	1.1	1741
吉林九站	10.21～4.9	171	-9.1	4634	汉　中	12.4～2.17	76	3.1	1132
四　平	10.25～4.6	164	-7.4	4166	安　康	12.16～2.9	56	3.6	806
通　化	10.23～4.9	169	-7.6	4326	**山西省**				
白　城	10.17～4.10	176	-8.9	4734	大　同	10.24～4.3	162	-5.2	3758
辽宁省					临　汾	11.15～3.8	114	-1.2	2189
沈　阳	10.31～3.31	152	-5.6	3587	运　城	11.19～3.3	105	0.1	1901
大　连	11.18～3.28	131	-1.4	2541	太　原	11.5～3.21	137	-2.6	2822
鞍　山	11.5～3.29	145	-4.7	3292	**河北省**				
本　溪	11.1～4.1	152	-5.6	3587	承　德	11.1～3.26	146	-4.4	3270
丹　东	11.8～4.1	145	-3.4	3103	张家口	10.28～3.30	154	-4.7	3496
锦　州	11.5～3.29	145	-4.0	3190	唐　山	11.12～3.20	129	-2.0	2580
朝　阳	10.31～3.29	150	-4.9	3435	保　定	11.14～3.13	120	-1.2	2304
营　口	11.6～3.30	145	-4.2	3219	沧　州	11.17～3.14	118	-1.1	2254
阜　新	10.28～4.1	156	-5.7	3697	石家庄	11.17～3.10	114	-0.5	2109
内蒙古自治区					秦皇岛	11.12～3.26	135	-2.4	2754
通　辽	10.23～4.5	165	-7.4	4191	**北京市**	11.12～3.17	126	-1.6	2470
赤　峰	10.25～4.2	160	-6.0	3840	**天津市**	11.16～3.15	120	-1.5	2340
呼和浩特	10.21～4.4	166	-6.2	4017	**山东省**				
包　头	10.23～4.3	163	-6.1	3928	德　州	11.18～3.11	114	-0.7	2132
新疆维吾尔族自治区					威　海	11.27～3.20	114	0.6	1884
					淄　博	11.19～3.10	112	-0.5	2072
阿勒泰	10.18～4.9	174	-9.6	4802	青　岛	11.29～3.18	110	0.9	1881
克拉玛依	10.28～3.24	148	-9	3996	菏　泽	11.22～3.7	106	0.6	1844
石河子	10.23～3.31	160	-8.2	4192	临　沂	11.24～3.9	106	0.7	1834
乌鲁木齐	10.24～4.3	162	-8.5	4293	济　南	11.24～3.6	103	0.7	1782
吐鲁番	11.7～3.6	120	-4.8	2736	**河南省**				
库尔勒	11.5～3.9	125	-3.5	2688	安　阳	11.21～3.6	106	0.4	1866
喀　什	11.10～3.7	118	-2.6	2431	开　封	11.24～3.5	102	1.3	1703
青海省					郑　州	11.26～3.5	100	1.4	1660
西　宁	10.21～3.31	162	-3.3	3451	洛　阳	11.29～3.1	93	2.2	1469
玉　树	10.9～4.21	195	-3.1	4115	三门峡	11.23～3.2	100	1.5	1650
甘肃省					商　丘	11.24～3.5	102	1.4	1693
酒　泉	10.24～3.28	156	-4.3	3479	南　阳	12.3～3.6	94	2.5	1457
张　掖	10.23～3.27	156	-4.7	3541	信　阳	12.8～2.25	80	2.7	1224
兰　州	11.2～3.14	133	-2.8	2766	许　昌	11.28～3.3	96	2.1	1526

地　　名	供暖期的起止日期	供暖期总天数（d/a）	供暖期室外的平均温度（℃）	供暖度日数（℃·d）	地　　名	供暖期的起止日期	供暖期总天数（d/a）	供暖期室外的平均温度（℃）	供暖度日数（℃·d）
江苏省					**湖北省**				
赣　榆	11.25～3.10	106	1.0	1802	汉　口	12.18～2.14	59	3.5	856
徐　州	11.29～3.4	96	1.6	1574	黄　石	12.24～2.7	46	4.1	839
淮　阴	11.30～3.5	96	1.8	1555	荆　州	12.19～2.11	55	3.8	781
东　台	12.8～3.3	86	2.5	1333	**湖南省**				
南　京	12.10～2.24	77	3.0	1155	岳　阳	12.27～2.5	41	4.4	558
常　州	12.15～2.24	72	3.2	1066	常　德	12.28～2.6	41	4.4	558
上海市	12.26～2.19	56	3.7	801	长　沙	12.30～1.30	32	4.5	432
浙江省					**贵州省**				
平湖、乍浦	12.25～2.18	56	4.7	745	遵　义	12.27～2.7	43	4.1	598
临安、天目山	11.13～3.28	136	0.1	2434	毕　节	12.11～2.2	72	3.3	1058
杭　州	12.27～2.15	51	4.0	714	贵　阳	1.2～1.21	20	4.7	266
安徽省					凯　里	12.28～2.11	46	3.9	649
蚌　埠	12.6～2.28	85	2.4	1326	**四川省**				
阜　阳	12.5～2.28	86	2.1	1367	平　武	12.20～2.6	49	3.8	696
合　肥	12.12～2.21	72	3.0	1080	**云南省**				
六　安	12.12～2.23	74	2.9	1117	昭　通	11.30～2.11	74	3.5	1073
芜　湖	12.18～2.18	63	3.5	904	**西藏自治区**				
安　庆	12.23～2.14	54	3.8	767	拉　萨	10.29～3.20	143	0.5	2503
江西省									
九　江	12.29～2.8	42	4.2	580					
景德镇	11.24～3.9	24	4.5	324					
修　水	12.27～2.6	42	4.2	580					

附录 D 空气温度、相对湿度、木材平衡含水率三者关系

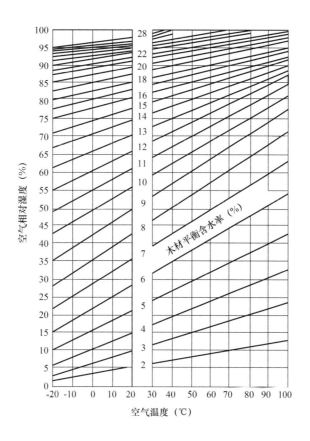

温度和相对湿度都会影响木材的平衡含水率，但以相对湿度对木材的吸湿率影响较大。相对湿度每升高1%，木材的吸湿率便会增加0.121%含水率。而温度每减少1℃时，木材的吸湿率仅增加0.071%含水率。湿度过高或过低都会影响健康，尤其是皮肤和呼吸道。另外，湿度过高时，会产生霉菌；湿度过低时，会损害地板或乐器等木制品。保持室内合适的相对湿度，不仅有利于人体健康，也能延长地板的使用。《木质地板铺装 验收和使用规范》(GB/T 20238—2018)中规定：室内湿度小于或等于45%时，宜采取加湿措施；室内湿度大于或等于75%时，宜通风排湿。

加湿器

温湿度计

除湿机

参考文献

[1] 日本《地板采暖设计施工手册》编委会. 地板采暖设计施工手册 [M]. 鲁翠，译. 北京：中国电力出版社，2009.

[2] 赵文田. 地面辐射供暖设计施工手册 [M]. 北京：中国电力出版社，2014.

[3] 陆耀庆. 供暖通风设计手册 [M]. 北京：中国建筑工业出版社，1987.

[4] 杨家驹，卢鸿俊. 红木家具及实木地板 [M]. 北京：中国建材工业出版社，2004.

[5]《木质地板铺装工程技术规程》编写组，圣象集团有限公司. 木质地板铺装实用手册 [M]. 北京：中国建筑工业出版社，2006.

[6] 李坚. 木材科学 [M]. 北京：科学出版社，2014.

[7] 王传贵，蔡家斌. 木质地板生产工艺学 [M]. 北京：中国林业出版社，2014.

[8] 向仕龙，李赐生，张秋梅. 装饰材料的环境设计与应用 [M]. 北京：中国建材工业出版社，2005.

[9] 周永东，姜笑梅，刘君良. 木材超高温热处理技术的研究及应用进展 [J]. 木材工业，2006（9）.

[10] 李贤军，傅峰，周永东，等. 木材微波改性技术研究进展 [J]. 材料导报，2007,10.

[11] 王艳伟，孙伟圣，徐立，等. 地采暖用实木地板的研究进展 [J]. 林业机械与木工设备，2013（6）.

[12] 中国建筑科学研究院. 地面辐射供暖供冷技术规程：JGJ 142-2012[S]. 北京：中国建筑工业出版社，2012.

[13] 国家林业和草原局. 地采暖用实木地板技术要求：GB/T 35913-2018[S]. 北京：中国标准出版社，2018.

[14] 国家林业和草原局. 木质地板铺装、验收和使用规范：GB/T 20238-2018[S]. 北京：中国标准出版社，2018.

[15] 梁思成. 中国建筑史 [M]. 北京：百花文艺出版社，2005.

[16] 陈明达. 中国古代木结构建筑技术（战国－北宋）[M]. 北京：文物出版社，1990.

[17] 姜志华，周江龙. 强化木地板甲醛释放量与存放时间、环境温度关系的研究 [J]. 中国人造板，2009（7）.

[18] 叶红，代平国，任彦回. 地暖环境条件下木地板甲醛释放量测定及收集装置 [J]. 江苏建材，2012（3）.

[19] 沈艳. 古罗马建筑材料之木材及其应用 [D]. 哈尔滨：东北林业大学，2014.

[20] 张侃，王志. 基于气候箱法的实木复合地板甲醛释放规律研究 [J]. 安防科技，2011（9）.

[21] 谭守侠，周定国. 木材工业手册 [M]. 北京：中国林业出版社，2006.